国家职业教育电子信息工程技术专业
教学资源库配套教材

iCVE
智慧职教

U0685587

电路基础
与应用

▶主 编 陈海松

副主编 王 瑾 李益民

mooc
职业教育国家
在线精品课程

高等教育出版社·北京

内容提要

本书是国家职业教育电子信息工程技术专业教学资源库配套教材,也是职业教育国家在线精品课程配套教材。全书通过完成 10 个生活中常见的、有一定趣味的实践项目,介绍了电路的基本概念和基本定律、电路的基本分析方法、正弦交流电路等内容。每个项目都是制作与调试一个实际应用电路的完整过程,按照学习者的认知规律分为"做什么""来仿真""动手做""去拓展""学知识"等环节。

本书是新形态一体化教材,为核心知识点配有数字化学习资源,包括微课、仿真实验等,可通过书中二维码扫码访问,也可访问"智慧职教"平台中配套的数字课程,进行线上线下混合式学习,详见"智慧职教"服务指南。此外,本书提供 PPT 课件、习题答案等,授课教师可发送电子邮件至编辑邮箱 gzdz@ pub. hep. cn 获取。

本书是高等职业院校电路课程的教学用书,也可作为电子电气技术人员的培训教材和学习参考资料。

图书在版编目(CIP)数据

电路基础与应用 / 陈海松主编. -- 北京 : 高等教育出版社, 2023.3
ISBN 978-7-04-058519-3

Ⅰ. ①电… Ⅱ. ①陈… Ⅲ. ①电路理论-高等职业教育-教材 Ⅳ. ①TM13

中国版本图书馆 CIP 数据核字(2022)第 061621 号

电路基础与应用

Dianlu Jichu yu Yingyong

策划编辑	郭 晶	责任编辑	郭 晶	封面设计	贺雅馨	版式设计	童 丹
责任绘图	于 博	责任校对	胡美萍	责任印制	高 峰		

出版发行	高等教育出版社	网　址	http://www.hep.edu.cn
社　址	北京市西城区德外大街 4 号		http://www.hep.com.cn
邮政编码	100120	网上订购	http://www.hepmall.com.cn
印　刷	天津市银博印刷集团有限公司		http://www.hepmall.com
开　本	850mm×1168mm　1/16		http://www.hepmall.cn
印　张	11.75		
字　数	290 千字	版　次	2023 年 3 月第 1 版
购书热线	010-58581118	印　次	2023 年 3 月第 1 次印刷
咨询电话	400-810-0598	定　价	35.00 元

本书如有缺页、倒页、脱页等质量问题,请到所购图书销售部门联系调换

"智慧职教"(www.icve.com.cn)是由高等教育出版社建设和运营的职业教育数字教学资源共建共享平台和在线课程教学服务平台,与教材配套课程相关的部分包括资源库平台、职教云平台和App等。用户通过平台注册,登录即可使用该平台。

● 资源库平台:为学习者提供本教材配套课程及资源的浏览服务。

登录"智慧职教"平台,在首页搜索框中搜索"电路基础与应用",找到对应作者主持的课程,加入课程参加学习,即可浏览课程资源。

● 职教云平台:帮助任课教师对本教材配套课程进行引用、修改,再发布为个性化课程(SPOC)。

1. 登录职教云平台,在首页单击"新增课程"按钮,根据提示设置要构建的个性化课程的基本信息。

2. 进入课程编辑页面设置教学班级后,在"教学管理"的"教学设计"中"导入"教材配套课程,可根据教学需要进行修改,再发布为个性化课程。

● App:帮助任课教师和学生基于新构建的个性化课程开展线上线下混合式、智能化教与学。

1. 在应用市场搜索"智慧职教 icve"App,下载安装。

2. 登录App,任课教师指导学生加入个性化课程,并利用App提供的各类功能,开展课前、课中、课后的教学互动,构建智慧课堂。

"智慧职教"使用帮助及常见问题解答请访问 help.icve.com.cn。

电路基础知识是电子技术、通信、自动化控制、电气工程、计算机科学与技术、人工智能等学科的重要理论基础之一。从简单的照明到复杂的电力系统，从智能手机、智能家居、移动支付、AI 技术到卫星通信网络，这些设备都和电路息息相关。只要涉及电能的产生、传输，以及信号的产生、传递、处理，都要用到电路基础和电路分析知识。

"电路基础"课程在讲解电路方面必备知识和技能的同时，还应该培养学生分析问题和解决问题的能力、严谨的科学态度和思维方法，注重技术创新能力的开发与提高，为学习后续专业课程和满足相关岗位技能要求夯实基础。

党的二十大报告指出，推进教育数字化。本书是深圳职业技术学院"电路基础"课程组教学改革创新的成果。课程组在国家级精品资源共享课建设、国家职业教育专业教学资源库建设、信息化教学大赛等方面积累了丰富经验。课程组结合本校和诸多兄弟院校的教学需要，提出了本书的编写思路，开发与校内"电路基础"精品在线开放课程配套的项目式教材，内容基于 OBE 教育模式，以培养目标为中心，以能力训练为主线，根据课程知识体系，以教学项目为载体，在实践中应用知识，逐步训练学生电路分析、电路设计等方面的技能，让学生达到可制作、会调试、懂原理、能设计的知识和技能目标。

全书把原先使学生感觉枯燥、抽象的知识点通过 10 个生活中常见的、有一定趣味的实践项目来介绍，每个项目又分解成一系列颗粒化的知识点和技能点，将做、学、练结合，训练学生各方面的能力。每个项目都是一个实际应用电路制作与调试的完整工作过程，由"做什么""来仿真""动手做""去拓展""学知识"等环节构成，在仿真演示、动手操作、提出问题、探究原理、拓展应用等方面突出实践、锻炼思维、强化创新，按应用功能建立内容体系，将理论知识贯穿于实践之中来开展教学，大力倡导"自主性、设计性、创新性"的能力培养。通过完成这 10 个项目的训练，达到"电路基础"课程的培养目标。

本书在国家职业教育电子信息工程技术专业教学资源库子项目、职业教育国家在线精品课程、校级金课项目的大力投入下编写，为配套 MOOC 的新形态一体化教材。教材融课件、习题、微课视频、仿真实验、远程在线实验于一体，支持混合式教学，内容直观易懂，便于开展教学。

本书参考学时为 48~80 学时，在使用时可根据教学实际选择不同的项目，并酌情调整学时。

本书由深圳职业技术学院陈海松任主编，王瑾、李益民任副主编。项目 1~4 由陈海松编写，项目 5~7 由王瑾编写，项目 8 由深圳职业技术学院刘丽莎与上海中广核工程科技有限公司上海分公司张焕欣编写，项目 9 由李益民编写，项目 10 由陈海松与上海中广核工程科技有限公司上海分公司李鹏编写。深圳职业技术学院王静霞教授任主审，审阅全书并提出了修改意见。

此外，深圳市易星标技术有限公司提供了远程在线实验资源，广州风标教育技术股份有限公司提供了 Proteus 仿真资源。深圳职业技术学院韩秀清以及相关合作企业的工程技术人员对本书的编写提供了宝贵意见和建议。在编写本书的过程中,编者还参考了多位同行的著作和资料。在此,编者一并表示衷心的感谢!

　　由于编者水平有限,对于书中不妥之处,敬请读者批评指正。

编者

2023 年 1 月

目 录

项目 1

点亮 1 个 LED

做什么

发光二极管(LED)是一种常用的发光器件,可高效地将电能转换为光能。在日常生活中,LED 随处可见,应用非常普遍,指示灯、流水灯、交通信号灯、广告牌、显示屏等都用到了 LED。本项目是通过搭建电路实现 1 个 LED 的正常点亮。通过点亮 1 个 LED,掌握常用元器件的特性,学会识别、使用元器件和工具,懂得电路的模型、结构和功能。

微课
项目引入

来仿真

1. 元器件清单

通过仿真来验证点亮 1 个 LED 的功能。仿真元器件清单见表 1.1。

表 1.1 点亮 1 个 LED 仿真元器件清单

序号	名称	型号、参数	数量	Proteus 软件中对应元器件名
1	按键	弹性按键	1	BUTTON
2	LED	黄色 ϕ5 mm	1	LED-YELLOW
3	电阻	510 Ω	1	RES
4	电源	+5 V	1	VCC、GROUND

2. 仿真制作

从 Proteus 软件的元器件库中选取表 1.1 中的元器件,按照图 1.1 中电路在 Proteus 软件中放置元器件,设置参数,连线并进行电气规则检查,最后运行仿真电路,并观察项目的仿真演示效果。

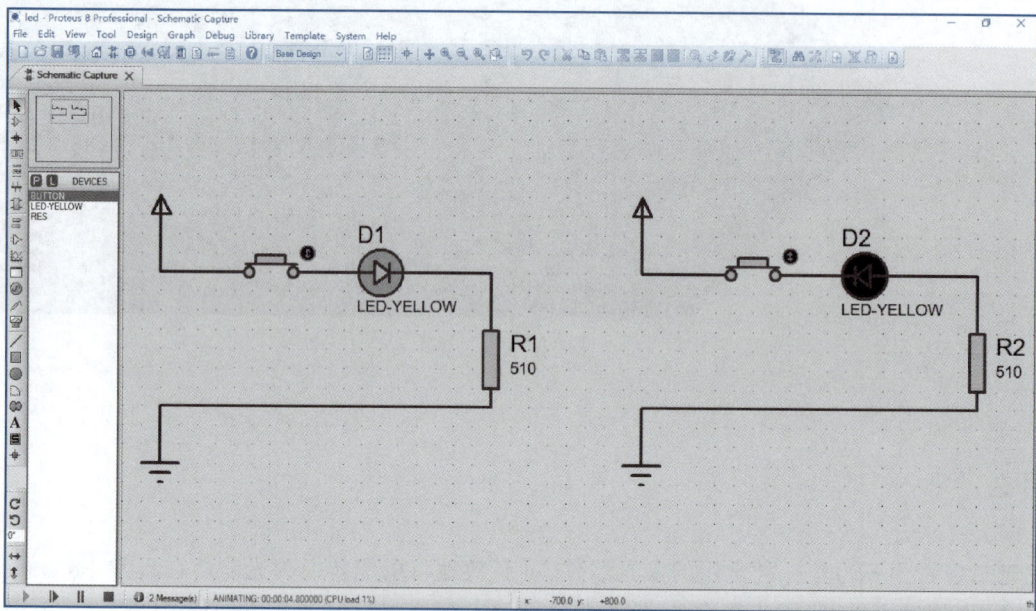

图 1.1　点亮 1 个 LED 仿真电路

微课

仿真制作

仿真电路调试及测量步骤如下。

① 分别给 LED 加上正向电压和反向电压,观察 LED 的状态。

② 设置限流电阻的参数,把 510 Ω 电阻的阻值修改为 10 kΩ,观察 LED 的状态。

③ 设置限流电阻的参数,把 510 Ω 电阻的阻值分别修改为 300 Ω 和 1 kΩ,观察 LED 的亮度。电阻大则灯暗,电阻小则灯亮。

3. 点亮 1 个 LED 原理分析

分别思考下列问题:

(1) 发光二极管具有什么特性?

在点亮 1 个 LED 的仿真效果中,发现并不是简单地给 LED 两端加上电压,LED 就会正常点亮。LED 具有单向导电性,当给 LED 加上正向电压后,LED 才会导通而被点亮。如果给 LED 加上反向电压,LED 不会导通,不会被点亮。这就需要掌握 LED 的特性,学会判断 LED 的正负极引脚,去搭建电路,点亮 1 个 LED。

(2) 为什么要串联电阻? 选择多大的电阻?

LED 正向导通之后,它两端的电压和电流的关系是非线性的,允许通过 LED 的电流值也有一定的范围。那么要正常地点亮 1 个 LED,就需要串联 1 个限流电阻。这个电阻的取值是多大？

（3）电路由哪些部分组成？

电路是由多个部分组成的，在点亮 1 个 LED 的电路中，有提供能量的电源，有取用能量的负载——LED 和电阻，还有连接电源和负载的一些中间环节。

动手做

1. 电路原理图

图 1.2 所示为点亮 1 个 LED 电路。电路中电源的正极通过一个开关按键连接到 LED 的正极，LED 的负极通过一个限流电阻 R 连到电源的负极。选择合适的电源和限流电阻，当按键按下时，LED 点亮。

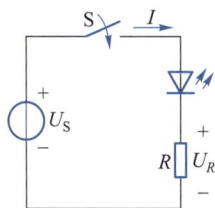

图 1.2　点亮 1 个 LED 电路

2. 准备元器件

搭建电路所需元器件见表 1.2。

表 1.2　搭建电路所需元器件

名称	参数	数量	名称	参数	数量
面包板		1	电阻	300 Ω	1
LED	φ5 mm	1	电阻	510 Ω	1
按键	弹性按键	1	电阻	1 kΩ	1
直流电压源	+5 V	1	导线	铁线	若干

3. 搭建电路

（1）核对元器件

核对元器件清单中的元器件型号及数量。

（2）测量和检测各个元器件的参数和功能

1）LED 的极性识别

① 外形判断：LED 的外形如图 1.3 所示，长引脚为正极，短引脚为负极。

② 万用表测量：采用数字万用表来判断 LED 的极性和好坏时，需要将数字万用表调至二极管挡位，该挡位显示的是二极管的正向压降。使用万用表红、黑两只表笔分别接触 LED 的两个引脚。正常点亮时，不同颜色 LED 的正向压降不同，范围为 1.7～3.4 V；调换表笔，LED 反向

微课
电路搭建

图 1.3　LED 的外形

微课
实训操作规范——
8S 管理

为开路,此时屏幕显示"1"或者"OL",LED 不亮,说明该 LED 是正常工作的;否则是被损坏的。

用这种检测方法,不仅可以直观地看到 LED 的发光情况,而且还可以判断出 LED 的正、负极。LED 被点亮时,数字万用表红表笔接触的引脚为正极(+),黑表笔接触的引脚为负极(−)。

③ 外接电源测量:用 3 V 稳压电源或两节串联的干电池可以较为准确地测量 LED 的光、电特性。按图 1.2 搭建电路。如果测得 LED 电压 U_F 范围为 1.7～3 V,且发光亮度正常,说明发光正常。如果测得 $U_F = 0$ 或 $U_F \approx 3$ V,且不发光,说明 LED 已损坏。此时,与电源正极相连的是 LED 正极(+)。

2)色环电阻读数

用色环法和万用表测量电阻,在表 1.3 中填出它们各自的标称值及实测值。

表 1.3　电阻标称值及实测值

色环	橙棕棕金	绿棕棕金	棕黑红金
标称值			
实测值			

(3)在面包板上搭建电路

按照电路图在面包板上搭建电路,观察点亮 1 个 LED 的功能。搭建好的电路如图 1.4 所示。

图 1.4　点亮 1 个 LED 的电路搭建

提示
　　禁止不接限流电阻而直接把 LED 加在 +5 V 电源上,因为这样 LED 将被烧坏。

(4)调试及测量

限流电阻分别选取 300 Ω、510 Ω、1 kΩ,按下开关按键,观察 3 个电路中 LED 的亮度。

通过观察发现,限流电阻为 300 Ω 时,LED 最亮。限流电阻为 1 kΩ 时,LED 亮度最暗。这说明电阻越大,则阻碍电流的能力越大,电流越小,灯越暗。

去拓展

拓展阅读
新技术应用——远程在线实训

1. 改变限流电阻的阻值,观察 LED 的亮度,然后试着分析电路,配置合适的电阻,设计完成一个简易的手电筒。

2. 把限流电阻换成一个光敏电阻或者可调电位器,观察电路中 LED 的状态。

光敏电阻工作原理:光敏电阻是用硫化镉或硒化镉等半导体材料制成的特殊电阻

器,其工作原理基于内光电效应。光照强度越强,阻值越小;光照强度越弱,阻值越大。随着光照强度的升高,阻值迅速减小,亮电阻值可小至 1 kΩ 以下。在无光照时,光敏电阻呈高阻状态,暗电阻值一般可达 1.5 MΩ。

光敏电阻测量:

① 用黑纸片将光敏电阻的透光窗口遮住,此时万用表显示阻值应非常大。此值越大说明光敏电阻性能越好;若此值很小或接近零,说明光敏电阻损坏,不能使用。

② 将一光源对准光敏电阻的透光窗口,此时万用表阻值读数明显减小。此值越小,说明光敏电阻性能越好。若此值很大,甚至为无穷大,说明光敏电阻内部开路损坏,不能使用。

学知识

1. 电路的结构和功能

(1) 电路的结构

电路是为了满足某种需要,由若干电气元器件按一定方式组成的总体,是电流的通路。生产实践中使用的各种电路都是由实际的电气元器件组成的,这些电气元器件泛指实际的电路部件,如电阻器、电容器、电感线圈、晶体管、变压器等。

电路一般由电源、负载及中间环节三部分组成。

① 电源:它是将其他形式的能量转换成电能的装置,如发电机、电池、各种信号源等。发电机将机械能转换成电能,电池将化学能转换成电能。随着科学技术的发展和各种能源的充分开发,水能、核能、太阳能、地热能、潮汐能、风能等都已成为电能的来源。

② 负载:它是用电设备的统称,是将电能转换成其他形式能量的装置,如荧光灯、电动机、电炉、扬声器。

③ 中间环节:指连接电源和负载的部分,起着传输、控制和分配电能的作用,如输电线、变压器、配电装置、开关、熔断器及各种保护和测量装置。电路中由负载和导线等中间环节组成的部分称为外电路,电源内部的通路称为内电路。

点亮一个灯的电路(如手电筒电路)就是一个最简单的实际电路,它由电池、LED、开关、导线等组成。电池中储存的化学能转变为电能后,经过开关和导线传输给 LED,使之发光。在这里,电池是电源,LED 是负载,开关和导线(传输导体)是中间环节。

又如收音机的电路,它由天线、晶体管、电阻器、电容器、扬声器等组成。天线接收到的信号经过中间电路的处理和放大,推动扬声器工作,使之播放出声音。在这个电路里,天线可看作一种电源(信号源),扬声器把电能转换为声能,就是一种负载,而各种处理和放大电路等就可看作中间环节。

(2) 电路的功能

在科学技术领域,电路用来完成控制、计算、通信、测量以及发电、配电等各方面的任务。虽然实际电路种类繁多、功能各异,但从概括的角度,电路的功能主要体现在以

微课
电路的组成与作用

下两方面。

① 实现电能的输送和变换：在电力系统电路中，如图 1.5 所示，电路主要用来传输、分配和变换电能。通过发电厂的发电机组将热能、水能、核能等转换成电能，通过输电导线和各级变电站中的升压或降压变压器输送到各用电设备，再根据需要将电能转换成机械能、热能、光能等形式的能量。

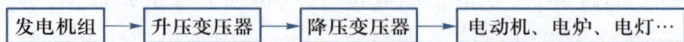

发电机组 → 升压变压器 → 降压变压器 → 电动机、电炉、电灯…

图 1.5   电力系统电路示意图

在点亮 1 个 LED 的电路中，电池中储存的化学能转换成电能后，电流经过导线和开关传输给 LED，让 LED 可以发热、发光，这个过程中 LED 又将电能转换成了热能和光能。所以点亮 1 个 LED 的电路体现的是能量的传输和转换的作用。

② 实现信号的传递和处理：常见的如电视机电路，如图 1.6 所示，通过接收装置把记录声音和图像的电磁波接收后转换为相应的电信号，然后通过多种中间电路将信号进行传递和处理，送到显示器、扬声器后还原为原始信息，这就是信号的传递和处理的作用。

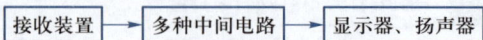

接收装置 → 多种中间电路 → 显示器、扬声器

图 1.6   电视机电路示意图

总之，在电路中，随着电流的通过，进行着能量从其他形式转换成电能，传输和分配电能，又把电能转换成所需其他形式能量的过程。

微课
电路模型

2. 电路模型

实际电路中的元器件是多种多样的，它们在工作中表现出比较复杂的电磁性质。一种电路元件往往兼具两种以上的电磁特性。例如，一盏白炽灯除具有消耗电能的电阻特性外，还具有一定的电感性，但其电感值很微小；电池工作时除将化学能转换为电能，产生电动势外，在它的内阻上也消耗一部分电能，因而又具有一定的电阻特性。为了便于对实际电路进行数学描述和分析，需将实际元件理想化（或称为模型化），即在一定条件下突出其主要的电磁性质，忽略其次要性质，把它近似地看作理想电路元件。因此，理想电路元件也就是具有某种确定的电磁性质的假想元件，它是一种理想化的模型并具有精确的数学定义。

理想电路元件包括理想无源元件和理想有源元件。

理想无源元件包括理想电阻、理想电容和理想电感，如图 1.7 所示。

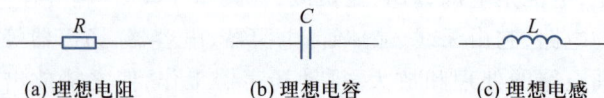

(a) 理想电阻   (b) 理想电容   (c) 理想电感

图 1.7   理想无源元件符号

电阻(resister)的文字符号为 R，它主要用来反映元器件消耗电能的特征。

电容(capacitor)的文字符号为 C，它是储能元件，反映储存电场能量的特征。

电感(inductor)的文字符号为 L，它是储能元件，反映储存磁场能量的特征。

　　理想有源元件包括理想独立电源和理想受控电源。理想独立电源如图 1.8 所示，包含理想电压源和理想电流源，反映了产生电能的特性。理想电压源输出电压恒定，输出电流由电压和负载共同决定；理想电流源输出电流恒定，输出电压由电流和负载共同决定。

　　一个实际的元器件可能具有几种不可忽略的电磁性质，这时可用多个理想电路元器件及其组合来近似地代替这个实际的元器件。例如，一个实际电池就可由一个理想电源元件和一个理想电阻元件串联而成。同样，一个实际电路的模型就是由一些相关的理想电路元件组成的电路。例如，前面已提到的点亮 1 个 LED 电路，它的电路模型如图 1.9 所示，其中电路的负载可理想化为 LED 和电阻元件 R；干电池或者稳压电源是电源元件，可理想化为理想电压源 U_S 模型；导线和开关是连接干电池（电源）、LED 和电阻的中间环节，其电阻可忽略不计，可认为是无电阻的理想导体和开关。

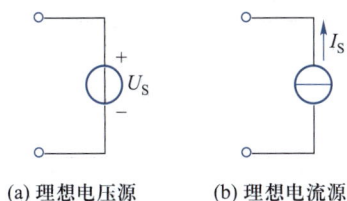

(a) 理想电压源　　(b) 理想电流源

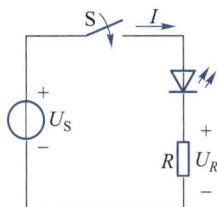

图 1.8　理想独立电源　　　　图 1.9　点亮 1 个 LED 的电路模型

　　为了叙述简便，在后面的内容中常把"理想"二字省略，如无特殊说明，"元件"就是"理想元件"的简称。需要说明的是，在不同的条件下，同一实际元器件可能要用不同的电路模型来模拟。例如，当频率较高时，线圈绕线之间的电容效应就不容忽视，这种情况下表征这个线圈的较精确的电路模型除了电阻元件和电感元件还应当包含电容元件。实践证明，只要电路模型选取得恰当，按照电路模型分析计算所得结果与对应的实际电路中测量所得结果基本一致，不会造成较大的误差。本书不涉及怎么建立模型的问题。

3.　电阻

　　（1）普通电阻的种类

　　① 碳膜电阻（R_T）：阻值为几欧姆至几十欧姆，最常用，精度和稳定性稍差，价格低。

　　② 金属膜电阻（R_J）：阻值为几欧姆至几十欧姆，耐热、稳定、精确、体积小、价格高。

　　③ 线绕电阻（R_X）：阻值在 1 MΩ 以内，功率大，可达 500 W，稳定、精确、价格高。

　　此外还有排阻、水泥电阻、光敏电阻、热敏电阻、压敏电阻、湿敏电阻等。

　　（2）电阻的符号

　　各种电阻的符号如图 1.10 所示。

　　（3）电阻的单位

　　电阻的单位有 Ω、kΩ、MΩ、GΩ、TΩ，它们均以 10^3 进位，如 1 kΩ = 10^3 Ω，1MΩ = 10^3 kΩ。

普通电阻　　普通电阻(旧,国外)　　　　可调电阻　　　　　　光敏电阻

热敏电阻　　热敏电阻(旧)　　压敏电阻　　力敏电阻　　磁敏电阻　　湿敏电阻

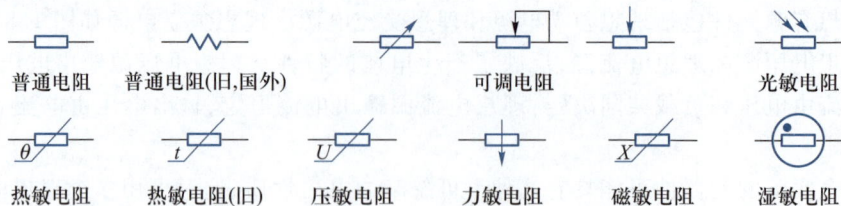

图 1.10　电阻的符号

（4）电阻的标志法

① 直标:对体积大的电阻,其阻值、功率等均标在电阻体上,一目了然。

② 色环法:普通电阻用 4 环色环,从最左边起,第一环、第二环为有效数,第三环为倍乘数,第四环为误差,金、银、本色都在第四环,如图 1.11 所示。若金或银色处于第三环,则金色表示$\times 10^{-1}$,银色表示$\times 10^{-2}$。各环颜色表示的含义见表 1.4。

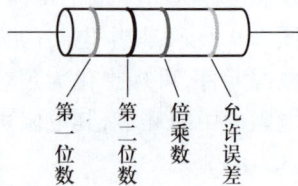

第一位数　第二位数　倍乘数　允许误差

图 1.11　色环法

表 1.4　4 环色环电阻各环颜色表示的含义

色环颜色	棕	红	橙	黄	绿	蓝	紫	灰	白	黑	金	银	本色
含义	1	2	3	4	5	6	7	8	9	0	$\pm 5\%$	$\pm 10\%$	$\pm 20\%$

某电阻色环依次为:黄（4）、紫（7）、红（10^2）、金（$\pm 5\%$）。此电阻为 4.7 kΩ（$\pm 5\%$）。

某电阻色环依次为:棕（1）、绿（5）、橙（10^3）、银（$\pm 10\%$）。此电阻为 15 kΩ（$\pm 10\%$）。

此外,还有用 5 个色环的精密电阻,其前 3 环是有效数,第 4 环是倍乘数,第 5 环是允许误差,误差等级有棕（$\pm 1\%$）、红（$\pm 2\%$）、绿（$\pm 0.5\%$）、蓝（$\pm 0.2\%$）、紫（$\pm 0.1\%$）5 个等级。5 环色环电阻各环颜色表示的含义见表 1.5。

微课
色环电阻的读数

表 1.5　5 环色环电阻各环颜色表示的含义

各环颜色	银	金	棕	红	橙	黄	绿	蓝	紫	灰	白	黑
有效数			1	2	3	4	5	6	7	8	9	0
倍乘数	10^{-2}	10^{-1}	10^1	10^2	10^3	10^4	10^5	10^6	10^7	10^8	10^9	10^0
允许误差（%）			± 1	± 2			± 0.5	± 0.2	± 0.1			

某电阻色环依次为:棕（1）、黑（0）、黑（0）、红（10^2）、棕（$\pm 1\%$）。此电阻为 10 kΩ（$\pm 1\%$）。

③ 符号法:如 3R3K 为 3.3 $\Omega \pm 10\%$;4K7J 为 4.7 k$\Omega \pm 5\%$。

4. 发光二极管（LED）

发光二极管(light-emitting diode,LED)是一种能将电能转换为光能的半导体电子

元件,是半导体二极管的一种,外形和符号如图1.12所示。发光二极管与普通二极管一样,由一个 PN 结构成,也具有单向导电性,正向导通,反向截止。当给 LED 加上正向电压后,从 P 区注入 N 区的空穴和由 N 区注入 P 区的电子,在 PN 结附近数微米内分别与 N 区的电子和 P 区的空穴复合,产生自发辐射的荧光。

常用 LED 是发红光、绿光或黄光的二极管,LED 灯节能、环保,显色性与速度响应好。当它处于正向工作状态(即两端加上正向电压),电流从 LED 阳极流向阴极时,LED 就发光,光的强弱与电流大小有关。LED 的正向伏安特性曲线很陡,是非线性的,正向导通后,两端的电压根据不同发光颜色略有区别,范围在 1.8 ~ 3.3 V。普通 LED 使用时允许的电流也有一定的范围,一般为 3 ~ 20 mA。常用 LED 的正向工作电压见表1.6。一般发红光、绿光或黄光的 LED 在正常点亮状态时,两端的电压值约等于 2 V,在使用时必须串联限流电阻以控制通过 LED 的电流。

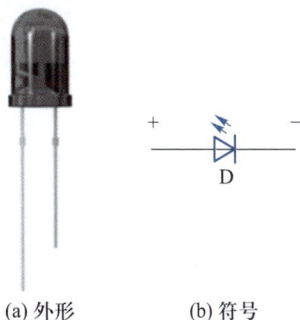

(a) 外形　　　　(b) 符号

图 1.12　LED 外形和符号

表 1.6　常用 LED 的正向工作电压

发光颜色	红	黄	绿	白
正向工作电压/V	1.8 ~ 2.0	1.9 ~ 2.1	2.0 ~ 2.2	3.0 ~ 3.3

5. 按键开关

微课
按键开关

按键开关是一种电子开关,主要是指轻触式按键开关,也称为轻触开关。它是用来切断和接通控制电路的低压开关器件。

使用时以满足操作力的条件向开关操作方向施压,开关接通,当撤销压力时开关即断开,其内部是靠金属弹片受力变化来实现通断的。按键开关有接触电阻小、操作力误差小、规格多样化等优势,在电子设备及白色家电中得到广泛的应用。

图 1.13 所示为按键开关的外形和符号。按键开关有闭合和断开两种状态。理想状态下,按键按下时,两个触点 A、B 连通,即按键开关闭合(导通);按键弹起时,两个触点 A、B 断开,即按键开关断开。

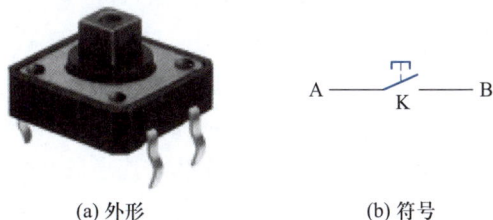

(a) 外形　　　　(b) 符号

图 1.13　按键开关

4 脚按键开关上有 4 个引脚,这类开关的应用十分广泛。按键开关符号中有两个端子 A 和 B,可是通常用的这款按键有 4 个引脚,假定为 A、B、C、D,如图1.14所示。A 和 D 是一组连通的引脚,B 和 C 是一组连通的引脚。电路搭建时,只要使用两组引脚中的任何一组作为按键开关的两端就可以了,选用 AB、AC、DB、DC 都可以。通常,如果使用时不好区分哪个引脚已经连通,就可以选用其中的一对对脚,例如将 A 和 C 这一对引脚当作一个按键开关的两端来使用。

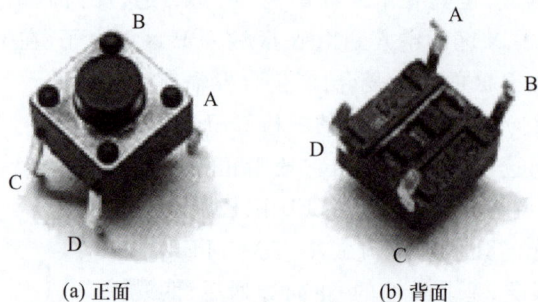

(a) 正面   (b) 背面

图 1.14   4 脚按键开关

6. 面包板

面包板是电路搭建中一种常用的具有多孔插座的插件板,每个插孔内有金属弹片,插孔之间有一些关联,可以在上面通过插接导线、电子元件来搭建不同的电路,从而实现相应的功能。因为不需要焊接,只需要简单的插接,所以面包板广泛应用于电路实验。

面包板正面分为 4 个区域,如图 1.15 所示。2 区和 3 区之间的凹槽把面包板分成上下两部分。

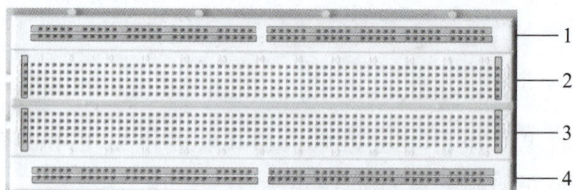

图 1.15   面包板正面

提示

面包板的 1、4 区各有 2 行插孔,均为水平相通,习惯上用于电源的正负极插接,也可以根据自己的使用习惯和电路需要来安排。

微课
探秘面包板

在面包板的 1 区有两行插孔,每一行都有 50 个插孔,分成十组,每组各有 5 个插孔。从它背面的结构(见图 1.16)可以看到,在 1 区,通过 4 根金属条,分别把 5 组各 25 个插孔作为一个大组连通在一起,也就是第 1 行的第 1～25 插孔是连通的,作为同一组插孔来使用;第 26～50 插孔是连通的,作为同一组插孔来使用。第 2 行的结构也是这样的,第 1～25 插孔是连通的,第 26～50 插孔是连通的。很显然,在 1 区总共有 4 组插孔可使用,每组有 25 个插孔是连通的。4 区结构也是这样的。

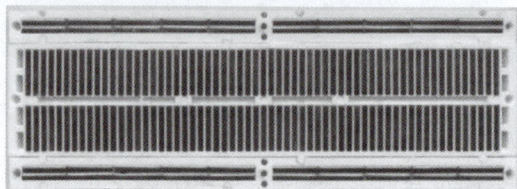

图 1.16   面包板背面

在面包板正面 2 区的两侧标有 ABCDE 这 5 个字母,在图 1.18 中可以看到,同一列的 ABCDE 这 5 个插孔用一根金属条连通,也就是同一列上 5 个插孔作为同一组插孔使用,是连通的。左、右两列之间由不同的金属条连接,不连通,并且是不同的组。在面包板 2 区的上方从左到右标有各组 1、5、10……60 的序号,可以看出 2 区总共有64 列,也就是 64 组插孔。

7.　直流稳压电源

电子电路运行时通常都需要用到直流电源。除一些超小型仪器仪表使用电池外,其他的一般都使用直流稳压电源,将交流 220 V 电压进行降压、整流、滤波、稳压后,得到稳定的直流电压。直流稳压电源的型号很多,图 1.17 所示为一款典型的固炜 GPS-3303C 型双路输出直流稳压电源,可提供两路 0 ~ 30 V 可调输出,一路固定 5V 输出,电流为 0 ~ 3A,两路可调电源可设定为独立、串联、并联三种工作模式。

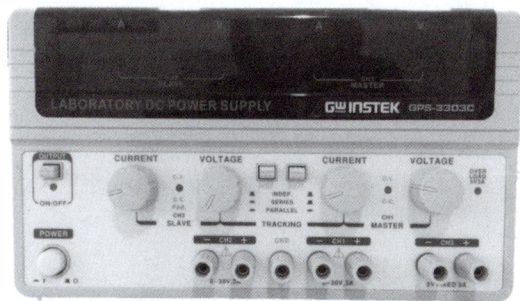

图 1.17　固炜 GPS-3303C 型双路输出直流稳压电源

(1) 面板

此直流稳压电源面板上各组件解释如下:

POWER——电源开关;VOLTAGE——电压调节;C. V. ——电压状态显示;

C. C. ——过流状态显示;CURRENT——电流调节;FIXED——固定 5 V 输出;

GND——仪器地;INDEP. ——独立;SERIES——串联;PARALLEL——并联。

(2) 使用注意事项

① 要分清哪些是可调输出,其输出可调电压范围及最大输出电流是多少。此型直流稳压电源的两路可调电压范围均为 0 ~ 30 V,最大输出电流均为 3 A。

② 固定输出电压为 5 V,最大电流为 3 A,位置在面板的右下角。

③ 在独立(INDEP.)状态下,两路可调电源可分别调整并独立工作,无主路与从路之分。

④ 在串联(SERIES)状态下,从路电源电压等于主路电源电压,两电源串联用于扩大输出电压。

⑤ 在并联(PARALLEL)状态下,从路电源电压等于主路电源电压,两电源并联用于扩大输出电流。

⑥ 如果接通电路后,电源电压瞬间下跌且电流瞬间上升,电路中可能出现了过载或短路的情况,应立即断开直流稳压电源或电路,查找故障原因。

微课
项目小结

项目小结

通过完成本项目,可以掌握点亮 1 个 LED 电路的模型、结构和功能。通过一个 LED 串联不同阻值的电阻,观察 LED 的不同亮度和状态,掌握常用元器件的使用和搭建电路的方法,了解 LED 的亮度与电路的电流、电压等基本参数有关。在本项目的基础上,可以把 LED 换成其他的声、光器件或电动机,设计和制作更多电路。

习题

一、填空题

1. 电路的作用是_____和_____。

2. "黄紫棕金"4 环电阻的阻值是_____ Ω(±_____%)。

3. "红黑橙金"4 环电阻的阻值是_____ Ω(±_____%)。

4. "棕红黑金棕"5 环电阻的阻值是_____ Ω(±_____%)。

5. "绿棕黑红棕"5 环电阻的阻值是_____ Ω(±_____%)。

6. 发出红光的 LED 的工作电流一般是_____。

7. 发光二极管(LED)与普通二极管一样,由一个_____结组成,具有_____导电性,正向_____,反向_____。

二、单选题

1. (   )经过的路径称为电路。

A. 电流　　　　　B. 电压　　　　　C. 电容　　　　　D. 电感

2. 电路通常由电源、负载和(   )三部分组成。

A. 电阻　　　　　B. 开关　　　　　C. 中间环节　　　D. 尾部环节

3. 由(   )元件构成的,与实际电路相对应的电路称为电路模型。

A. 理想电路　　　B. 电阻　　　　　C. 电感　　　　　D. 电容

4. 电阻元件表示(   )的元件。

A. 消耗电能　　　　　　　　　　B. 产生磁场,储存磁场能量

C. 产生电场,储存电场能量　　　D. 其他形式的能量转换成电能

5. 电感元件表示(   )的元件。

A. 消耗电能　　　　　　　　　　B. 产生磁场,储存磁场能量

C. 产生电场,储存电场能量　　　D. 其他形式的能量转换成电能

6. 电容元件表示(   )的元件。

A. 消耗电能　　　　　　　　　　B. 产生磁场,储存磁场能量

C. 产生电场,储存电场能量　　　D. 其他形式的能量转换成电能

7. 器件(   )是电阻。

A.

B.

C.

D.

8. 选项(　　)是电阻的符号。

A. ────⌒⌒⌒────　　　　　B. ────┤├────₊

C. ────▭────　　　　　D. ────▷|────

9. 电阻的单位为(　　)。

A. F(法拉)　　　B. Ω(欧姆)　　　C. Hz(赫兹)　　　D. A(安培)

10. 图 1.18 中,电阻(　　)在电路中的连接方法是错误的。

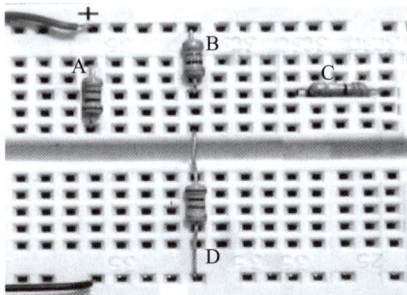

图 1.18

11. GPS-3303C 型直流稳压电源固定 DC 5 V 输出通道是(　　)。

A. CH1　　　B. CH2　　　C. CH3　　　D. CH4

12. GPS-3303C 型直流稳压电源有(　　)种工作模式。

A. 1　　　B. 2　　　C. 3　　　D. 4

三、多选题

1. 按用途和触点的结构分类,按键分为(　　)。

A. 动合按钮　　　B. 动断按钮　　　C. 复合按钮　　　D. 万能按钮

2. 按键开关以按后松手的状态分为(　　)。

A. 自锁型　　　B. 无锁型　　　C. 复合型　　　D. 综合型

3. 无锁型按键开关可以用于(　　)。

A. 设置按键　　　　　B. 电源软启动开关

C. 功能切换软开关　　　D. 电源硬启动开关

4. GPS-3303C 型直流稳压电源工作模式有(　　)。

A. 独立模式　　　B. 串联模式　　　C. 并联模式　　　D. 混合模式

四、计算题

在图 1.19 所示电路中,LED 导通电压 $U_D = 2$ V,按键闭合时正向电流为 5 mA。求 R 的阻值。

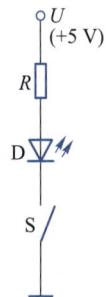

图 1.19

项目 2

简易小台灯

做什么

微课
项目引入

  LED 的亮度与流过它的电流大小相关。改变限流电阻的阻值，LED 的亮度会发生改变，电阻越大，LED 越暗；电阻越小，LED 越亮。LED 的工作电流范围为 3 ~ 20mA，如果限流电阻阻值太大，则电路中电流太小，LED 不亮；如果限流电阻阻值太小，则电流太大，LED 容易损坏。在电路设计中需要考虑各元器件的电流、电压、功率、额定值、工作状态等要素，根据电路的需求，应用欧姆定律来合理地配置电路中电阻的阻值。

  制作一个亮度可调节的简易小台灯。在掌握各元器件特性和参数的基础上，在电路中加入一个阻值可变的电阻——电位器。通过调节电位器的阻值大小，改变电路中 LED 的电流和功率来实现简易小台灯调光的功能，并用万用表来测量电路的基本物理量，巩固相关知识和技能。

来仿真

1. 元器件清单

  通过仿真来验证简易小台灯的功能。仿真元器件清单见表 2.1。

表 2.1　简易小台灯仿真元器件清单

序号	名称	型号、参数	数量	Proteus 软件中对应元器件名
1	LED	黄色 ϕ5 mm	1	LED-YELLOW
2	电阻	100 Ω	1	RES
3	电位器	1 kΩ	1	POT-HG
4	电源	+5 V	1	VCC、GROUND

微课
仿真制作

2. 仿真制作

从 Proteus 软件的元器件库中选取表 2.1 中的元器件,按照图 2.1 所示电路在 Proteus 软件中放置元器件,设置参数,连线并进行电气规则检查,最后运行电路,对简易小台灯进行仿真制作,并观察项目的仿真演示效果。

仿真电路调试及测量步骤如下。

① 连接好电路,改变电位器的阻值大小,观察灯的亮度。

② 在电路中加入电流表,观察流过 LED 的电流变化。根据参考方向设置的不同,电流有正负的区别。

③ 在电路中加入两个电压表,改变电位器的阻值,观察 LED 和电位器两端的电压测量值。

④ 改变电源电压值,观察 LED 和电位器两端的电压测量值。

提示
　电流表串联在电路中,测量电流;电压表并联在待测对象两端,测量电压。

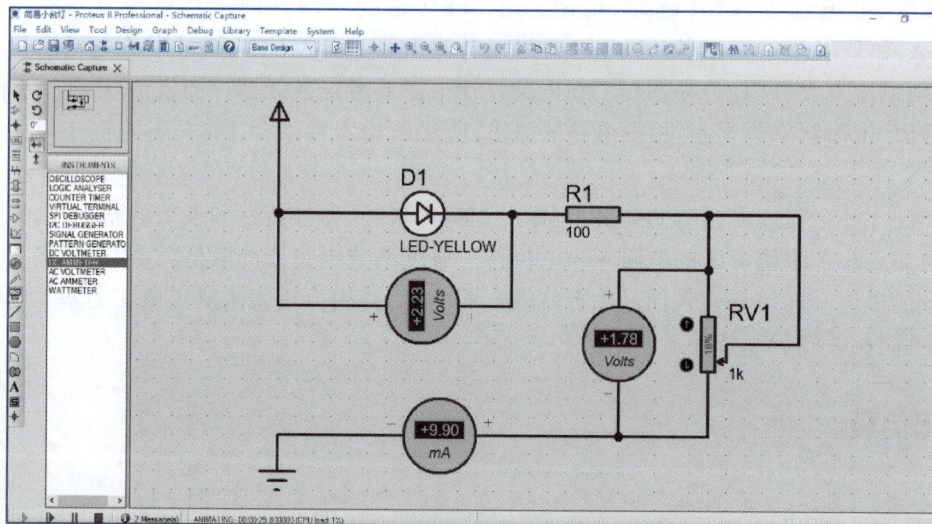

图 2.1　简易小台灯仿真电路

3. 简易小台灯原理分析

分别思考以下问题:

（1）LED 的亮度和什么有关？

在简易小台灯电路中，改变电位器的阻值，LED 的亮度就不一样，可以实现亮度调节的功能。LED 的亮度和 LED 两端的电压有关，还是和 LED 的电流以及功率有关？

通过仿真发现，电位器阻值越大，电路中电流越小，LED 越暗；电位器阻值越小，电路中电流越大，LED 越亮。同时，发现改变电位器的阻值或者改变电源的电压时，电位器两端的电压发生改变，但是 LED 两端的电压几乎不变，大约是 2 V，说明 LED 是非线性的。

LED 的亮度和电流以及功率有关，在电源电压相同的情况下，电位器阻值越小，流过电路的电流越大，LED 越亮。

（2）怎么选择合适的电阻？

普通 LED 工作电压约等于 2 V，当 LED 工作电流为 3～10 mA，怎么设置合适的电阻？这时要用到欧姆定律。

限流电阻 R 的计算方法为

$$R = (U - U_{\mathrm{F}})/I_{\mathrm{F}}$$

式中，U 为电源电压；U_{F} 为 LED 的正向压降；I_{F} 为 LED 的正常工作电流。

（3）怎么选择合适的电源？

电路中普通 LED 工作电压约等于 2 V，工作电流小于 20 mA，限流电阻的参数为 0.125 W、300 Ω，怎么设置合适的电源电压？

电源电压的设置和电路中 LED 与电阻的额定电流、额定功率有关，需要认真考虑和详细计算，以免电压过大，损坏 LED 和电阻。通过对知识和技能点的学习，来设置合适的电源电压。

动手做

1. 电路原理图

图 2.2 所示为简易小台灯的电路。电路中电源、LED、电位器、限流电阻 R 串联，构成一个回路。通过旋动改变电位器的阻值，可以实现 LED 的亮度调节。电路中限流电阻 R 是防止电位器旋动到较小阻值时，电路中电流太大而损坏 LED，起保护电路元器件的作用。

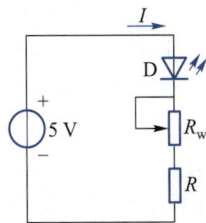

图 2.2　简易小台灯电路

2. 准备元器件

搭建电路所需元器件见表 2.2。

表 2.2   搭建电路所需元器件

名称	参数	数量	名称	参数	数量
面包板		1	电阻	300 Ω	1
LED	ϕ5 mm	1	电位器	1 kΩ	1
电源	+5 V	1	导线	铁线	若干

微课
电路搭建

3. 搭建电路

（1）核对元器件

核对并检测元器件清单中的元器件参数及数量。

（2）搭建电路

按照电路图在面包板上搭建电路,用螺钉旋具旋动电位器,观察简易小台灯。搭建好的电路如图 2.3 所示。

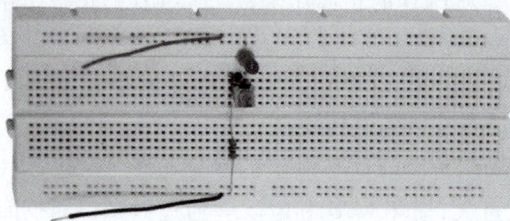

图 2.3   简易小台灯的电路搭建

（3）调试及测量

① 在电路中用万用表直流电流挡测量电路中 LED 的电流,注意电流的参考方向。

② 在电路中用万用表直流电压挡测量电位器、电阻、LED 的电压,注意电压的参考方向。

③ 改变电位器阻值,观察电位器、电阻、LED 的电流和电压的变化,并测量数据。

④ 改变电源电压值,测量电位器、电阻、LED 的电流和电压。

按步骤测量并把测量数据记录在表 2.3 中。

表 2.3   简易小台灯电路测量数据

状态	测量参数	电位器	电阻	LED
+5 V 电源	测量电流值			
+5 V 电源	测量电压值			
+5 V 电源,改变电位器阻值	测量电流值			
+5 V 电源,改变电位器阻值	测量电压值			
+10 V 电源	测量电流值			
+10 V 电源	测量电压值			
结论:				

去拓展

1. 用电位器控制红、黄两个 LED 亮暗交替变化，电路如图 2.4 所示。

2. 在简易小台灯电路中，把 LED 换成一个直流电动机，观察电动机的转速变化。

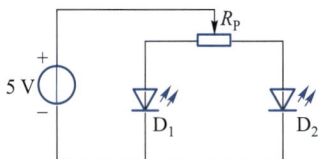

图 2.4　两个 LED 亮暗交替变化电路

学知识

1. 电流及其参考方向

无论哪一种电路，在实现它的能量转换时，都要涉及电流、电压、电动势、电功率等物理量。对电路进行分析和计算，也就是对这些量的分析和计算，所以有必要掌握这些基本物理量及参考方向的概念。

（1）电流

电荷在电场力作用下进行的定向移动形成电流。正电荷移动的方向（或负电荷移动的反方向）规定为电流的实际方向。电流的大小（强弱）用电流强度来衡量，它定义为单位时间内通过导体某横截面的电荷量。电流强度通常简称为电流，用字母 i 表示，即

$$i = \frac{dq}{dt} \tag{2.1}$$

式中，dq 为在极短时间 dt 内通过导体某横截面的电荷量。

电路中经常遇到各种类型的电流，若上式中 dq/dt 为一常数，即表示电流的大小和方向都不随时间变化，这时称之为恒定电流，简称直流，一般用大写字母 I 表示；而随时间变化的电流称为交流电流，用小写字母 i 表示，正弦电流就是其中的一种。

直流电流 I 的表达式可以写为

$$I = \frac{Q}{t} \tag{2.2}$$

在国际单位制中，Q 为电荷量，其单位为库仑（C）；t 为时间，单位为秒（s）；I 为电流，单位为安培，简称安（A）。当计量微小的电流时，常以毫安（mA）或微安（μA）为单位，$1\ A = 10^3\ mA = 10^6\ \mu m$。

（2）电流的参考方向

电流的方向是客观存在的。在简单电路中，电流的实际方向很容易判别，但在分析和计算比较复杂的电路时，往往事先难以判断某支路中电流的实际方向，有时电流的方向还随时间而变（如正弦电流），在电路图中也无法用一个固定的箭标来表示它的实际方向。因此，在分析和计算电路时，常可任意选定某一方向为电流的参考方向，或称为正方向，如图 2.5 所示。

微课
电流及参考方向

微课
企业教师进课堂

需要强调的是,所选电流参考方向并不一定与电流的实际方向相同。如果电流的参考方向与实际方向相同,电流 I 的值为正;如果电流的参考方向与实际方向相反,电流 I 的值为负。因此,只有当参考方向选定以后,

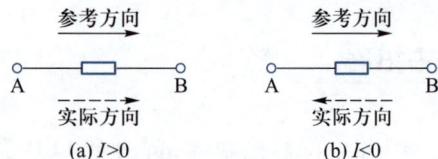

图 2.5　电流的参考方向

电流才可成为一个代数量,这时讨论电流的正负才有意义,而后根据电流的正负就可以确定电流的实际方向。图 2.6 中电流的参考方向除用箭标表示外,还可以用双下标表示,用 I_{AB} 表示电流的参考方向是由 A 流向 B,这和箭标表示法的示意是相同的;若参考方向为由 B 流向 A,则为 I_{BA}。I_{AB} 和 I_{BA} 两者间相差一个负号,即

$$I_{AB} = -I_{BA} \tag{2.3}$$

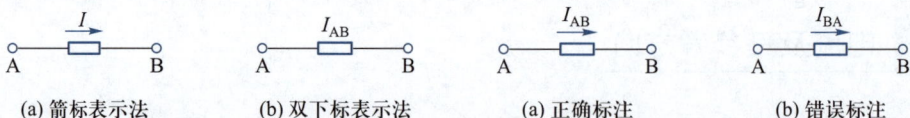

(a) 箭标表示法　　　(b) 双下标表示法　　　(a) 正确标注　　　(b) 错误标注

图 2.6　电流参考方向的两种表示法　　　图 2.7　用两种方法表示电流的参考方向

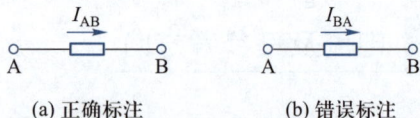

本书电路图中所标电流方向均指参考方向。对于电路的分析和计算来说,注明有关电量的参考方向是非常重要的,必须养成在分析电路时首先标出参考方向的习惯。

小　经　验

在电路中标注的都只是参考方向,不一定需要考虑实际方向。需要注意的是,在电路中对同一个变量使用两种方法同时标注参考方向时,标注的结果一定要一致。图 2.7(a) 所示电路的电流参考方向标注是正确的,两种方法标注的电流参考方向都是假设电流从 A 流向 B。图 2.7(b) 所示电路的电流参考方向标注是错误的,箭标表示法假设电流从 A 流向 B,而双下标表示法又假设电流从 B 流向 A,自相矛盾。

📱微课

电压及参考方向

2. 电压、电位、电动势及其参考方向

(1) 电压、电位和电动势

在图 2.8 中,设 A 和 B 是电源的两个电极,A 带正电,B 带负电,则在 A、B 间产生电场,其方向由 A 指向 B,若用导体(连接线和负载)将 A、B 连接起来,则在电场力的作用下,正电荷由 A 经外电路流向 B,电场力对正电荷做了功。为了表明电场力对电荷做功的能力,引入了电压这一物理量,它可表述为:A、B 两点间的电压 U_{AB} 在数值上等于电场力把单位正电荷从电场内的 A 点移动到 B 点所做的功。

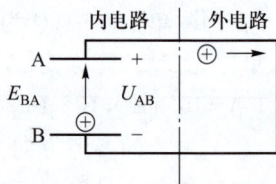

图 2.8　电荷的回路

$$U_{AB} = \frac{\mathrm{d}W_{AB}}{\mathrm{d}q} \tag{2.4}$$

规定电场力对单位正电荷从电场内的 A 点移动至无限远处 O 点(零参考电位点)所做的功称为 A 点的电位 V_A。因为在无限远处的电场力为零,故零参考电位点的电位也为零,那么 A 点的电位 V_A 等于该点与零参考电位点之间的电位差,也就是电位 V_A 等于该点与零参考电位点之间的电压,即

$$V_A = V_A - V_O = U_{AO} \tag{2.5}$$

由此可见,A、B 两点间的电压也就是 A、B 两点间的电位差,即有

$$U_{AB} = V_A - V_B \tag{2.6}$$

为了维持恒定的电流不断地在电路中通过,则必须使 A、B 两点间的电压保持恒定,因此就需要一种外力来克服电场力的阻碍,使得通过外电路不断到达 B 极上的正电荷经内电路流向 A 极。电源能够产生的这种外力,有时称之为电源力。电动势 E 这个物理量就是用来衡量电源力对电荷做功的能力,电源的电动势 E_{BA} 在数值上等于电源力把单位正电荷从电源的低电位端 B 经过电源内部移到高电位端 A 所做的功。

$$E_{BA} = U_{AB}$$

在电源力的作用下,电源不断地把其他形式的能量转换为电能。

在国际单位制中,若电场力将 1 库仑(C)的正电荷从电场内 A 点移动到 B 点所做的功为 1 焦耳(J),则定义 A、B 间的电压为 1 伏特(V)。电压、电位和电动势的单位都是伏特,简称伏(V),有时还需用千伏(kV)、毫伏(mV)和微伏(μV)作为单位。

(2) 电压和电动势的参考方向

对于电压、电动势的实际方向,首先规定:电压的实际方向规定为由高电位端指向低电位端,即为电位降低的方向;而电动势的实际方向是在电源内部由低电位端指向高电位端,即为电位升高的方向。在电路图中所标电压 U 和电动势 E 的方向都是指参考方向。电压的参考方向是任意指定的。在电路图中,电压的参考方向可以用+、−极性来表示,正极指向负极的方向就是电压的参考方向,如图 2.9(a)所示。有时为了图示方便,也可以用箭标和双下标表示,如图 2.9(b)中电压箭标和图 2.9(c)中 U_{AB} 就表示 A 和 B 之间的电压的参考方向由 A 指向 B。

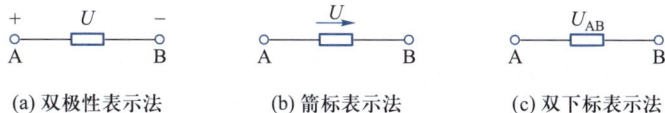

(a) 双极性表示法　　(b) 箭标表示法　　(c) 双下标表示法

图 2.9　电压的参考方向

微课
电压、电位、电动势

电动势 E 的参考方向,也可以分别用极性符号、双下标来表示。由于在前面对电压和电动势的实际方向有规定,因此在电路中标明电动势 E 的参考方向时,要注意区别它和电压 U 的参考方向间不同的内在含义。例如在图 2.10 中,电压 U 的参考方向和实际方向一致,故为正值;电压 U' 的参考方向与实际方向相反,故 U' 为负值;在电源内部,由于此时电动势 E 的参考方向是由低电位端指向高电位端,和规定的电动势的实际方向相同,所以 E 值为正值。

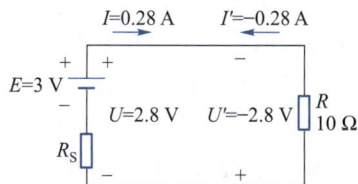

图 2.10　电流、电压及电动势的参考方向

在图 2.10 所示闭合电路中,当电流流通时会在电源的内阻 R_S 上产生 0.2 V 的电压降,所以这时端电压 U 为 2.8 V。如果忽略电源内阻 R_S 上产生的电压降,则

$$E = U$$

在列写电路方程时,要分清电压和电动势这两个概念,不能混淆。

（3）电压与电位的区别

电压用 U 表示,如电路中 A、B 两点的电压记为 U_{AB}。

电位用 V 表示,如电路中 A 点的电位记为 V_A。

需要注意的是:

① 电路中某点的电位等于该点与零参考电位点之间的电压。

② A、B 两点间的电压也就是 A、B 两点间的电位差,$U_{AB} = V_A - V_B$。

③ 零参考电位点选得不同,电路中各点的电位值也就随着改变,但是任意两点间的电压值是不变的,即各点电位的高低是相对的,而两点之间的电压值是绝对的。

例 2.1   已知图 2.11(a) 以 B 为零参考电位点时,A、B、C 点的电位分别为 $V_A = 5$ V,$V_B = 0$ V,$V_C = -5$ V,试求:

（1）图 2.11(b) 以 A 为零参考点时,A、B、C 点的电位 V_A、V_B、V_C;

（2）分别以 B、A 为零参考电位点时,电压 U_{AB}、U_{CB}、U_{AC}。

解:以 B 点为零参考电位点时有

$$V_A = 5 \text{ V}$$

$$V_B = 0 \text{ V}$$

$$V_C = -5 \text{ V}$$

$$U_{AB} = V_A - V_B = 5 \text{ V}$$

$$U_{CB} = V_C - V_B = -5 \text{ V}$$

$$U_{AC} = V_A - V_C = 10 \text{ V}$$

以 A 点为零参考电位点时有

$$V_A = 0 \text{ V}$$

$$V_B = U_{BA} = -5 \text{ V}$$

$$V_C = U_{CA} = -10 \text{ V}$$

$$U_{AB} = V_A - V_B = 5 \text{ V}$$

$$U_{CB} = V_C - V_B = -5 \text{ V}$$

$$U_{AC} = V_A - V_C = 10 \text{ V}$$

通过例 2.1 可以看出,电路中某点的电位是一个相对值,它与所选取的零参考电位点有关。

(a) 以B为零参考电位点

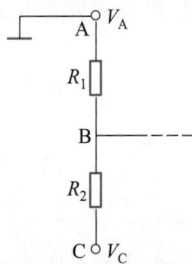

(b) 以A为零参考电位点

图 2.11   例 2.1 电路

任意两点的电压值是一个绝对值,它与所选取的零参考电位点无关。

例 2.2   分别计算图 2.12 所示电路中开关 S 断开及接通时 A 点的电位 V_A。

解:在图 2.12 中虽画出了三个接地符号,但同一个电路只有一个零参考电位点,所以这三个接地点其实就是指同一个零参考电位点,这样画只是为了使电路简明。

（1）S 断开时,由于 3 V 电压源内无电流通过,1 Ω 电阻两端也没有电压,这时有

> **提示**
>
> 为了确定电路中各点的电位,首先需要选定电路中某点作为零参考电位点,并用接地符号"⊥"表示这个零参考电位点。这个选定的零参考电位点并不一定与大地相连,只是在这个电路中用此点的电位作为一个基准,电路中其他各点的电位就是这些点与该零参考电位点之间的电位差。所以在分析电路各点电位时,一定要事先选取一个零参考电位点,否则各点电位将是无意义的。

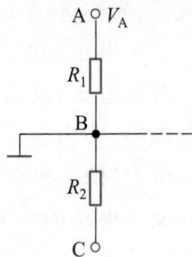

$$V_A = V_B - 3 = \left[5 - \left(\frac{5}{2+3}\right) \times 2 - 3\right] \text{ V} = (5-2-3) \text{ V} = 0 \text{ V}$$

或
$$V_A = V_B - 3 = \left[\left(\frac{5}{2+3}\right) \times 3 - 3\right] \text{ V} = 0 \text{ V}$$

（2）S 闭合时，$V_B = 0$ V，3 V 电压源内同样无电流通过，这时有
$$V_A = -3 \text{ V}$$

　　明确电位的概念后，有时可以简化电路图的画法。当零参考电位点选定后可以不画出电源，各端以电位表示。例如，在图 2.13（a）所示电路中若选 D 点为零参考电位点，则其可简化成图 2.13（b）所示电路。图 2.13 所示电路的简化画法里虽没有直接画出零参考电位点，但 C 端标以 -9 V，A 端标以 +6 V，这表明它们共有一个参考点，为零电位的公共端。

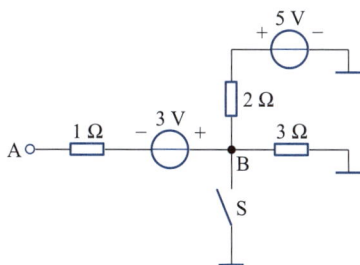

图 2.12　例 2.2 电路

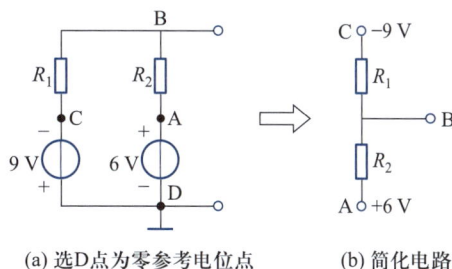

图 2.13　电路的简化
(a) 选 D 点为零参考电位点　(b) 简化电路

3. 欧姆定律

（1）关联参考方向和非关联参考方向

　　在分析电路时，电压和电流的参考方向选定本是独立无关的，但有时为了分析问题方便起见，常把两者的参考方向取为一致，如图 2.14 所示。电压 U 和电流 I 的这种参考方向称为关联参考方向。

　　如果 U 和 I 的参考方向取为相反时，则称为非关联参考方向，如图 2.15 所示。

图 2.14　电压和电流的关联参考方向

图 2.15　电压和电流的非关联参考方向

（2）欧姆定律

欧姆定律：流过电阻的电流与电阻两端的电压成正比。

　　图 2.16 所示电路中电阻 R 上的 u、i 是关联参考方向时，$u = iR$，在直流电路中 $U = IR$；电阻 R 上的 u、i 是非关联参考方向时，$u = -iR$，在直流电路中 $U = -IR$。

　　为什么公式中会出现负号？这是因为参考方向非关联，通过负号来校正方向。需要注意的是，表达式包含正负号分为两种情况，一是 u、i 数值本身因为参考方向设置的不同有正负之分；二

微课
欧姆定律

(a) u, i 为关联参考方向　(b) u, i 为非关联参考方向

图 2.16　欧姆定律

是根据 u、i 参考方向的关联和非关联，表达式有正负号。

例 2.3 已知 $R = 3\ \Omega$，应用欧姆定律对图 2.17 所示电路列出算式，并求电流 I。

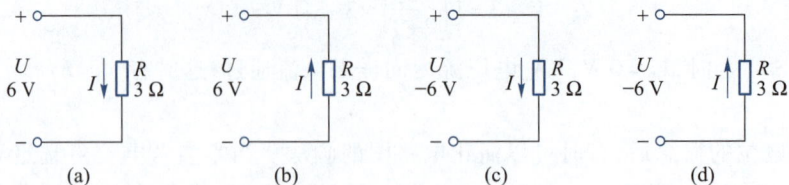

图 2.17   例 2.3 电路

解：（a）$I = \dfrac{U}{R} = \dfrac{6}{3}\ \text{A} = 2\ \text{A}$

（b）$I = -\dfrac{U}{R} = -\dfrac{6}{3}\ \text{A} = -2\ \text{A}$

（c）$I = \dfrac{U}{R} = \dfrac{-6}{3}\ \text{A} = -2\ \text{A}$

（d）$I = -\dfrac{U}{R} = -\dfrac{-6}{3}\ \text{A} = 2\ \text{A}$

4. 功率与能量

功率和能量是电路中两个重要的物理量。下面以直流电流为例，简单讨论这两个物理量的基本概念。

（1）功率

功率定义为单位时间内能量的变化，也就是能量对时间的导数，即

$$p = \frac{\mathrm{d}W}{\mathrm{d}t} \tag{2.7}$$

在直流电路中，若电路中某元件两端电压和其中的电流已求得，则此元件的功率就可以计算出来，此时功率用大写字母 P 表示。当电压 U 和电流 I 采用关联参考方向时，有

$$P = UI \tag{2.8}$$

若计算得出 $P>0$，说明是电场力对电荷做功，表明此时元件是在消耗或者说吸收功率，它在实际电路中起负载作用；如果 $P<0$，则说明是外力对电荷做功，表明这时元件是在产生或者说释放功率，它在实际电路中起电源作用。反之，当 U 和 I 取非关联参考方向时，如果仍然规定元件消耗功率时 $P>0$，产生功率时 $P<0$，则功率的计算公式相应地改为

$$P = -UI \tag{2.9}$$

关于这个问题，也可直观地根据以下电压 U 和电流 I 的实际方向来确定某一电路元件是电源还是负载：

① 如 U 和 I 的实际方向相反，电流从电压实际极性的高电位端流出，则表明是产生功率，此元件为电源；

② 如 U 和 I 的实际方向相同,电流从电压实际极性的高电位端流入,则表明是消耗功率,此元件为负载。

若电压的单位为伏(V),电流的单位为安(A),则功率的单位为瓦特,简称瓦(W),有时还可用千瓦(kW)、毫瓦(mW)作为单位。

（2）电能

从前面的分析可看出,功率 P 是能量的平均转换率,有时也称为平均功率。对于发电设备(电源),功率是单位时间内产生的电能;对于用电设备(负载),功率是单位时间内消耗的电能。

如果用电设备功率为 P,使用时间为 t,则该设备消耗的电能为

$$W = Pt = UIt \tag{2.10}$$

如果功率的单位为瓦(W),时间的单位为秒(s),则电能的单位为焦耳(J)。如果功率的单位为千瓦(kW),时间的单位为小时(h),则电能的单位为千瓦·时(kW·h),俗称"度"。一度电就相当于 1 kW·h 的电能。

$$1 \text{ 度} = 1 \text{ kW·h} = 1\ 000 \text{ W} \times 3\ 600 \text{ s} = 3.6 \times 10^{6} \text{ J}$$

在前面已陆续提到了电路中的一些基本物理量及其单位,但在实际应用中有时感到这些单位太大或太小,使用不便。因此,常在这些单位前加上表 2.4 所示词头,用来表示这些单位乘以 10^{n} 后得到的辅助单位,例如

1 毫安(mA) = 10^{-3} 安(A)

1 微秒(μs) = 10^{-6} 秒(s)

1 兆瓦(MW) = 10^{6} 瓦(W)

表 2.4　部分国际单位制词头

词头		皮可	纳诺	微	毫	千	兆	吉咖	太
符号	中文	皮	纳	微	毫	千	兆	吉	太
	国际	p	n	μ	m	k	M	G	T
因数		10^{-12}	10^{-9}	10^{-6}	10^{-3}	10^{3}	10^{6}	10^{9}	10^{12}

（3）功率的平衡

在电路实际工作时,各电源元件产生的功率之和必定等于各负载元件消耗的功率之和,这就是功率的平衡。从能量的角度来看,也可以说各电源元件产生的电能之和必定等于各负载元件消耗的电能之和,这就是电能量的守恒。电能不可能自行产生和消失,电源产生的电能必定可以通过其他的元件和途径消耗。因此,当分析一个电路时,可以根据电路中各元件的电压和电流的参考方向计算出它们的电压和电流的数值,而后根据这些数值来判断电路中哪些元件是电源,哪些元件是负载,最后检验是否满足功率的平衡。

功率平衡的检验是判断计算结果正误的一个很重要的过程。

值得注意的是,今后在分析电路时可能会遇到多个相同或不同的电源形式,那么这些"电源"元件是否在这个实际电路中就一定起电源作用? 不一定,这同样要借助这些"电源"元件的电压和电流的值来判断。可能多个"电源"元件在电路中全部实际起电源作用,也可能其中部分起电源作用,另外一些起负载作用,但不可能全部起负载作用。

微课
功率及电源、负载的判断

例2.4 在图2.18所示电路中,5个元件代表电源或负载,元件的电压和电流参考方向已在图中示出。通过测量已知:$I_1 = -2$ A,$I_2 = 3$ A,$I_3 = 5$ A,$U_1 = 70$ V,$U_2 = -45$ V,$U_3 = 30$ V,$U_4 = -40$ V,$U_5 = 15$ V。试计算各元件的功率,判断是电源还是负载,并检验功率的平衡。

解:各元件电压和电流为关联参考方向,则它们的功率分别为

$$P_1 = U_1 I_1 = 70 \times (-2) \text{ W} = -140 \text{ W}$$

$$P_2 = U_2 I_2 = (-45) \times 3 \text{ W} = -135 \text{ W}$$

$$P_3 = U_3 I_3 = 30 \times 5 \text{ W} = 150 \text{ W}$$

$$P_4 = U_4 I_1 = -40 \times (-2) \text{ W} = 80 \text{ W}$$

$$P_5 = U_5 I_2 = 15 \times 3 \text{ W} = 45 \text{ W}$$

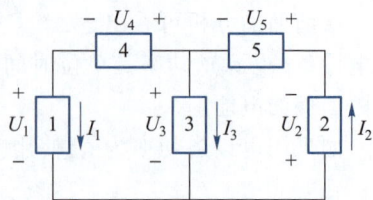

图 2.18 例 2.4 电路

由计算结果可知:

元件1、2功率为负,表示这两个元件产生功率,为电源;

元件3、4、5功率为正,表示这三个元件消耗功率,为负载;

电源发出的功率为(140+135)W = 275 W;

负载消耗的功率为(150+80+45)W = 275 W。

可见在一个电路中,电源产生的功率和负载消耗的功率总是平衡的。

5. 电路基本物理量的额定值

各种电气设备的电流、电压及功率等物理量都有一个额定值。例如,一盏灯的额定电压是交流 220 V、额定功率为 60 W。

额定值是设计和制造单位为了使产品在给定的工作条件下正常运行而规定的正常允许值,是对产品的使用规定。只有按照额定值使用电气设备才能保证该设备安全可靠、经济合理地运行。额定值通常以下标 N 表示,如额定电流 I_N、额定电压 U_N、额定功率 P_N。

(1)额定电流 I_N

当电气设备电流过大时,电流的热效应过强,使得电气设备温度太高,就会加速绝缘材料的老化变质,如橡皮硬化、绝缘纸和纱带烧焦、漆包线的漆层脱落等,因而引起漏电或线圈短路,甚至烧坏设备。为了使电气设备在工作中的温度不超过规定的最高工作温度,就对其最大容许电流作限定。通常把这个限定的电流值称为该电气设备的额定电流 I_N。

(2)额定电压 U_N

电气设备的绝缘材料如果承受的电压过高,其绝缘性能也会受到损害,有可能产生绝缘击穿现象而毁坏电气设备;另一方面,电压过高也会引起电流过大。为了限制绝缘材料所承受的电压,对每一电气设备规定了限定的电压值。通常把这个限定的电压值称为该电气设备的额定电压 U_N。

当使用电气设备时,首先要看清楚电气设备的额定电压与电源电压是否相符。当然,如果电气设备使用时的电压和电流值低于它们的额定值,也不能正常合理地工作,

或者不能充分利用设备达到预期的工作效果。

（3）额定功率 P_N

综合考虑到电气设备的额定电流和额定电压,对电气设备也规定了最大允许功率,称之为额定功率 P_N。

电气元件或设备的额定值常标注在铭牌上或写在说明书中,在使用前一定要认真看清并核对铭牌数据。

需要说明的是,电气设备在工作时的实际值尤其是电流和功率值不一定等于额定值,这要由电气设备及其负载的性质及大小而定。一般来说,对于诸如灯泡、电阻炉之类的用电设备,只要在额定电压下使用,其电流和功率都将达到额定值,简称为满载状态。但是对于电动机、变压器等电气设备,虽然也在额定电压下使用,但其电流和功率可能达不到额定值,简称为欠载状态;也可能超过额定值,简称为过载状态。这是因为电动机的电流和输出功率还要取决于它所带机械负荷,而变压器的电流和输出功率还要取决于它所带电负荷。电气设备虽然在额定电压下工作,但仍然存在过载的可能性,如果过载时间长,电气设备很容易损坏。一般在实际工作中,为了防止发生过载情况,除合理选择电气设备容量外,电路中还常装有过载保护装置,必要时自动断开过载的电气设备。

例 2.5　一盏 220 V、100 W 的白炽灯,接在 220 V 的交流电源上,求其额定电流和灯丝的电阻。

解:因接在 220 V 的额定电压上,此时白炽灯工作于额定工作状态。

$$I_N = \frac{P_N}{U_N} = \frac{100}{220} \text{ A} = 0.45 \text{ A}$$

$$R = \frac{U_N^2}{P_N} = \frac{220^2}{100} \text{ Ω} = 484 \text{ Ω}$$

例 2.6　有两个电阻,其额定值分别为 40 Ω、10 W 和 200 Ω、40 W,它们允许通过的电流是多少? 如将两者串联起来,其两端最高允许电压可加多大?

解:因 $P_N = I_N^2 R$,故有

$$I_{N1} = \sqrt{\frac{P_{N1}}{R_1}} = \sqrt{\frac{10}{40}} \text{ A} = 0.5 \text{ A}$$

$$I_{N2} = \sqrt{\frac{P_{N2}}{R_2}} = \sqrt{\frac{40}{200}} \text{ A} = 0.447 \text{ A}$$

将两者串联起来后,允许通过的最高电流只能以较小的那个额定电流为参考值,故两端最高允许电压为

$$U = I_{N2}(R_1 + R_2) = [0.447 \times (40 + 200)] \text{ V} = 107.3 \text{ V}$$

在选用电阻时,不能片面地只考虑阻值,还应注意考虑其允许消耗的功率。

6. 电路的工作状态

微课
电路的工作状态

在实际工作中,电路通常具有三种工作状态,即负载状态、空载状态和短路状态。

现以一个简单的直流电路为例,说明电路在各种状态下电压、电流及功率的一些特征。

(1)负载状态

在图2.19所示简单直流电路中,U_S和R_S串联表示一个实际电压源的模型,R_L表示外接的负载。当开关S闭合后,电压源与负载接通,向负载提供电流并输送功率,这时电路即工作在负载状态。此时,电路中的电流为

$$I = \frac{U_S}{R_S + R_L} \tag{2.11}$$

由此可见,当U_S和R_S一定时,电流I的大小取决于负载电阻R_L。R_L越小,电流I就越大。负载两端电压U为

$$U = IR_L = U_S - IR_S \tag{2.12}$$

这表明由于电源存在内阻R_S,当电路工作时它两端要承担一部分电压IR_S,这时电源对外输出的端电压U必定小于U_S。R_L越小,电流I就越大,电源端电压U就下降得越多。

如将式(2.12)两端同时乘以I,就得到功率平衡式

$$UI = U_S I - I^2 R_S$$
$$\text{或} \quad P = P_S - \Delta P \tag{2.13}$$

式中,$P_S = U_S I$,是电源产生的功率;$\Delta P = I^2 R_S$,是电源内阻上消耗的功率;$P = UI$,是电源向外输出的功率或外部负载所吸收或消耗的功率。

(2)空载状态

如图2.19中开关S断开,或外电路中某处由于其他原因断开,电路即工作在空载状态,有时也称为开路或断路状态。此时由于外电路所接负载电阻可视为无穷大,故电路中的电流为零,电源不输出功率,内阻及负载上都没有功率消耗。这时的端电压U(电源侧)称为空载电压或开路电压U_O,它等于电源电压U_S。

综上所述,电路空载状态时的特征可归纳为

$$I = 0$$
$$U = U_O = U_S$$
$$P = P_S = \Delta P = 0$$

(3)短路状态

电路中不同电位的两点如不经任何负载而被导线直接连通,强迫该两点间的电压为零,这种现象称为短路。图2.20所示为电源被短路时的情况。

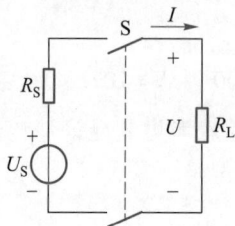

图2.19 简单直流电路   图2.20 短路

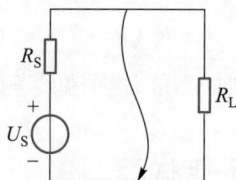

在短路时,由于负载 R_L 上没有电流通过,并且电压源的内阻 R_s 一般都较小,在电压源和短路线构成的回路中将产生很大的电流,称为短路电流 I_s,即

$$I_s = \frac{U_s}{R_s} \tag{2.14}$$

这时由于负载端电压强制为零,故电压 U_s 全部降落在内阻 R_s 上。另外,电源产生的极大的电功率 $U_s I_s$ 将全部被内阻 R_s 吸收并转换为热能而消耗掉,对外电路而言不输出功率。这种情况将使得电源的温度迅速上升以致电路损坏。

电路在短路状态时的特征可归纳为

$$U = 0$$

$$I_s = \frac{U_s}{R_s}$$

$$P_s = \Delta P = I_s^2 R_s$$

$$P = 0$$

需要说明的是,短路可以发生在负载端或线路的任何地方。在通常情况下,短路是一种严重的事故,应加以避免。产生短路的原因往往是接线不慎或电气设备绝缘的损坏,也有可能是其他因素,如老鼠咬噬电线以及非人为的意外短接,等等。因此在接线时应非常慎重以免接错,同时还应经常性地检查电气设备及线路的绝缘情况,并保持电气设备周围良好的工作环境等。

为了防止短路所引起的事故,通常在电路中安装熔断器或其他自动保护装置,以期一旦发生短路能迅速切断故障电路,从而防止事故的扩大并保护电气设备和供电线路。

但有时为了某种需要,在功率不大的情况下,也可有意识地将电路中的某一段短路(常称为短接)来进行某种短路实验,以获得一些必要的实验数据和参数。

例 2.7　一个 10 V 的理想电压源在下列不同情况下将输出多大功率?

(1)将它开路;

(2)将它接上 1 Ω 负载电阻;

(3)将它短路。此时与实际电压源的短路情况是否一样?

解:(1)开路时,因为 $U = U_s = 10$ V,$I = 0$,故

$$P = UI = (10 \times 0)\ \text{W} = 0\ \text{W}$$

(2)接上 1 Ω 负载电阻时,因为 $U = U_s = 10$ V,$I = \dfrac{U}{R_L} = \dfrac{10}{1} = 10$ A,故有

$$P = UI = (10 \times 10)\ \text{W} = 100\ \text{W}$$

(3)短路时,因为 $U = U_s = 10$ V(这是理想电压源的特点),$R_L = 0$,有

$$I = \frac{U}{R_L} \to \infty\ ,\ \text{所以}\ P = UI \to \infty$$

而实际电压源具有内阻 R_s,当发生短路时,$U = U_s - IR_s = 0$,故 $P = UI = 0$,这说明在短路状态下理想电压源与实际电压源表现了完全不同的性质。理想电压源在短路时"具有"无穷大输出功率,而实际电压源短路时产生的功率全部消耗在内阻 R_s 上,其输出功率为零。

当然,理想电压源更是应该严禁短路的,上述的讨论仅限于从理论上片面地来分析问题。实际使用时,电压源也不可能产生无穷大的电流,否则早已使电压源损坏。

例 2.8 某电压源的开路电压 U_0 为 6 V,短路电流 I_s 为 3 A。求当此电压源外接 3 Ω 负载电阻时,负载所消耗的功率。

解: 根据开路电压 U_0 和短路电流 I_s 可以求出此电压源的 U_s 和 R_s。

$$U_s = U_0 = 6 \text{ V}$$

$$R_s = \frac{U_s}{I_s} = \frac{6}{3} \text{ Ω} = 2 \text{ Ω}$$

当外接 3 Ω 负载电阻时,负载电流为

$$I = \frac{U_s}{R_s + R_L} = \frac{6}{2+3} \text{ A} = 1.2 \text{ A}$$

负载消耗的功率为

$$P = I^2 R_L = \left[(1.2)^2 \times 3 \right] \text{ W} = 4.32 \text{ W}$$

7. 万用表

万用表有时也被称为三用表,主要测量电压、电流、电阻。准确地说,它能够测量直流电压、交流电压、直流电流和电阻值,还能测量三极管的直流电流放大倍数,检测二极管的极性,判断电子元器件的好坏,还可测量电容和其他参数。万用表有指针式万用表和数字万用表之分,它们又各有许多型号。最常用的是数字万用表,它是以数字形式来指示测量数值的万用表,一般由显示屏(LCD 或 LED)、显示屏驱动电路、A/D 转换器、交直流变换电路、转换开关、表笔、插座、电源开关等组成。常用的数字万用表如图 2.21 所示。

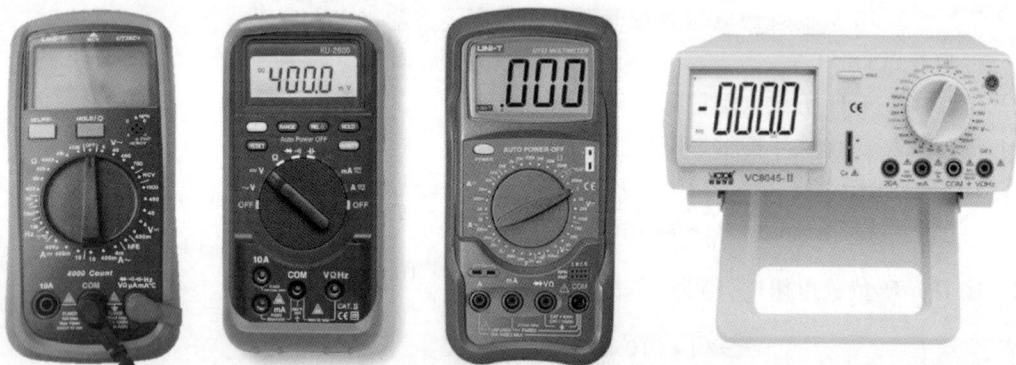

图 2.21 常用的数字万用表

万用表的种类很多,使用方法大同小异。下面学习某款数字万用表的使用方法。图 2.22 是这款数字万用表的外形。LCD 显示屏用来显示测量结果;量程开关可以旋动,用来选择功能挡位和量程;COM 输入端一般接黑表笔;10 A 电流输入端在测量大电流时使用;其余测量都使用其余测量输入端。

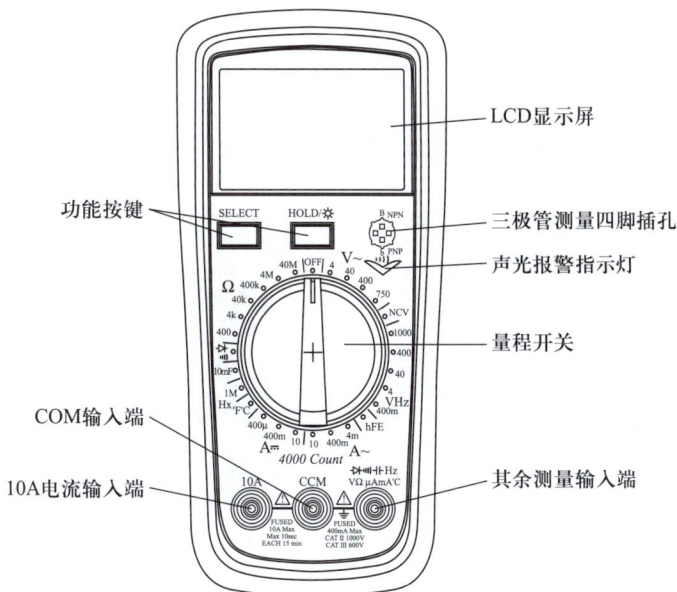

图 2.22　某款数字万用表外形

下面介绍数字万用表的具体使用方法。

（1）用数字万用表测量电阻

测量电阻前，应将量程开关拨至电阻挡（Ω 挡）适当的量程，如图 2.23 所示。将黑表笔接 COM 输入端（接地端）插孔，红表笔接"V Ω"插孔。测量时，若被测电阻阻值大于所选电阻量程，则万用表显示为"OL"（即溢出状态，为无穷大），这时应换更大电阻量程。

(a) 挡位

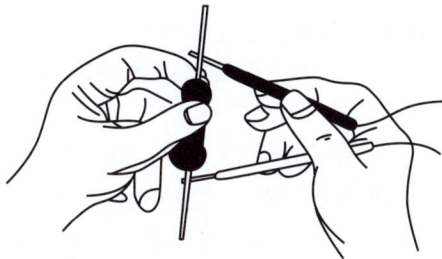

(b) 接法

图 2.23　测量电阻的示意图

提示
　　测量电阻时，为避免仪器损坏或伤及使用者，在测量前必须先将被测电路内所有的电源关断，将所有电容器上的残余电荷放掉，才能进行测量。

（2）用数字万用表测量电压

测量直流电压前，将量程开关拨至直流电压挡的适当量程，如图 2.24 所示。将黑表笔接 COM 插孔，红表笔接"V Ω"插孔。接通电源开关，用两表笔接在被测电源的两端，若测量值显示为"OL"，则说明被测值超过量程，需置更大电压量程进行测量；若显示值带"–"号，说明红表笔接的是被测电压的低电压端。测量交流电压时，只需将量程开关拨至交流电压挡的适当量程，其他与测量直流电压时相同。

（3）用数字万用表测量电流

测量直流电流前，应将量程开关拨至直流电流挡的适当量程，如图 2.25 所示。将红表笔接"V Ω"插孔,黑表笔接 COM 插孔。接通电源开关,将两表笔串入被测电路(应注意被测电流的极性),显示器即会显示所测数值。若电流量程挡位在"400 m"挡,则显示数值的单位为毫安;若在"400 μ"挡,则显示数值的单位为微安。

测交流电流时,需将量程开关拨至交流电流挡适当量程。

提示

不同的数字万用表,相应的直流量程刻度也不同,这款数字万用表直流电流挡有 400 μA、400 mA、10 A 三个量程。当需要测量 400 mA 以上、10 A 以下的大电流时,红表笔应接入 10 A 插孔。

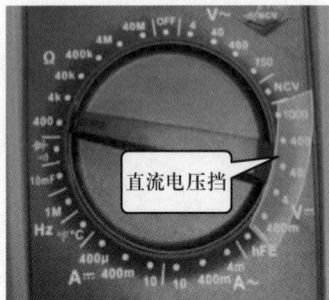

图 2.24   测量电压的示意图

图 2.25   测量电流的示意图

(4)用数字万用表测量线路通断

数字万用表的蜂鸣器挡(标注有蜂鸣器图形符号)用于检查线路的通断,如图 2.26 所示。

检测前,可将万用表的转换开关置于蜂鸣器挡,黑表笔接 COM 插孔,红表笔接"V Ω"插孔。接通电源开关后,两表笔接在被测线路的两端。

当被测线路的直流电阻小于 20Ω(阈值电阻)时,蜂鸣器将发出 2kHz 频率的振荡声。

测通断时,通(小于 20 Ω)则 LED 亮,有声响;断则显示"OL",表示电阻趋于∞。

(5)用数字万用表测量二极管

数字万用表上的二极管测量挡(标注有二极管图形符号),可用来测量二极管。

测量时,可将转换开关拨至二极管测量挡(本例所用数字万用表上与蜂鸣器挡同挡位),按下黄色 SEL 按钮,如图 2.26 所示,切换选择测量二极管的功能。红表笔接"V Ω"插孔,黑表笔接 COM 插孔。接通电源开关后,用两表笔分别接二极管两端,万用表会显示二极管正向压降的近似值。

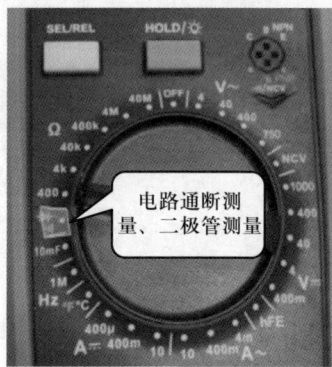

图 2.26   测量线路通断的示意图

测二极管(PN 结)时,正向显示正向压降,反向显示"OL",表示电阻趋于∞,短路时 LED 亮并有声响。

(6)用数字万用表测量电容

将量程开关置于"10 mF"挡,将被测电容插入"CX"电容插座,可直接读取被测电容的容量。

(7)用数字万用表测量三极管

将量程开关置于"hFE"挡(测 NPN 管时用"NPN"挡,测 PNP 管时用"PNP"挡),将被测三极管的三个引脚分别插入 hFE 插座上的相应位置,然后接通电源开关,直接从显示屏上读取 hFE 值,即电流放大倍数。

（8）万用表使用注意事项

① 项目与量程不能放错。

② 正、负表笔不能接错。

③ 测电路中电阻时,电阻不应带电,且红表笔接内部电池的正极(这一点与指针式万用表相反)。

④ 若最低位显示在不断变化,读数取其平均值。

⑤ 使用中注意随时关断其电源,以延长其内部电池使用时间。长期不用时应取出电池,防止因氧化和漏电而损坏万用表。

8. 电位器

电位器(potentiometer)是可变电阻器的一种,是可调的电子元件。通常由电阻体与转动或滑动系统组成,靠一个动触点在电阻体上移动,获得部分电阻输出。

电位器的作用是改变阻值,调节电压和电流的大小。

常用的电位器如图 2.27 所示。电位器的电阻体有两个固定端,通过手动调节转轴或滑柄,改变动触点在电阻体上的位置,即可改变动触点与任意一个固定端之间的电阻值,从而改变电压与电流的大小。

图 2.27　常用的电位器

电位器上写"102"时,它的标称值是 1 kΩ。读数规则是前面两位是有效值,第 3 位是倍率幂指数,所以标称值是 $10 \times 10^2 = 1$ kΩ,也就是电阻值可以从 0 调节到 1 kΩ。还有的电位器采用直接标注的方式,标出电位器的标称值 1 MΩ,那么电阻值调节范围是 $0 \sim 1$ MΩ。

如图 2.28 所示,电位器有 3 个引脚,用字母 A、B、C 来标注,A、B 引脚为固定端,C 引脚为活动端。

电位器的标称值是指 A、B 间的电阻值。通过改变 C 端的位置,在 A、C 或者 B、C 间会输出不同的电阻值。A、C 间和 B、C 间的电阻值之和等于 A、B 间的电阻值,即 $R_{AB} = R_{AC} + R_{CB}$。通常电路连接时采用的是图 2.28（c）的连接方

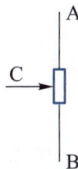
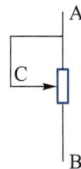

(a) 外形　　　　(b) 符号　　　(c) 常用接线图

图 2.28　电位器

式,把活动端 C 和固定端 A、B 的其中一端短接,如果 A、C 短接,那么 A、B 间的电阻实际上就是 C、B 间的阻值,可以从 0 调节到标称值。

微课
项目小结

项目小结

本项目通过简易小台灯电路搭建及对知识和技能点的学习,掌握电流、电压、电位、功率、电能等基本物理量及其参考方向,关联和非关联参考方向的概念,欧姆定律和功率计算公式,电源和负载的判断,以及电路的三种工作状态的特征,并且了解怎么在日常生活中节约用电,安全可靠、经济合理地运行电气设备。

习题

一、填空题

1. 电流的正方向规定为与电子运动的方向_____。

2. 交流电流用_____表示,直流电流用_____表示。

3. 实际方向与参考方向一致时,电流值为_____值。

4. 一个元件或一段电路上,电流与电压的参考方向一致时称为_____参考方向,反之称为_____参考方向。

5. 已知电路中 A 点的电位为 10 V,A、B 两点的电压 $U_{AB} = -5$ V,则 B 点电位为_____。

6. 电路中某点的电位高低是一个_____,它与所选取的参考点(即零参考电位点)有关,等于该点到参考点的电压。

7. 电路中零参考电位点可任意选择,当选择不同的零参考电位点时,电路中各点电位将_____,但任意两点间电压保持_____。

8. 电压实际方向为_____电位指向_____电位。

9. 电动势的方向为从电源_____指向电源_____。

10. 如图 2.29 所示,D 点接地,A 点的电位为_____ V,B 点的电位为_____ V,C 点的电位为_____ V,D 点的电位为_____ V。

11. 如图 2.30 所示,已知元件 A 的电压为 5 V,电流为 3 A,参考方向已标出,则元件 A 吸收的功率为_____,此元件是_____(电源或者负载)。

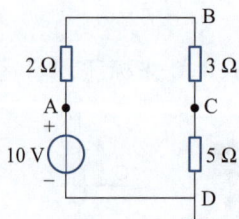

图 2.29

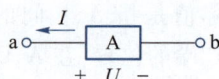

图 2.30

12. 元件的功率计算在电压、电流取关联和非关联参考方向时具有不同形式。取非关联参考方向时 $P = $_____。

13. 将额定电压为 220 V,额定功率为 60 W 和 25 W 的两盏白炽灯串联,接至 220 V 电源,则_____灯较亮。

14. 有一额定值为 1 W、400 Ω 的电阻,在使用时两端电压不能超过_____。

15. 线性元件的 $U\text{--}I$ 曲线是一条过原点的直线,能直观地反映出导体中电流与电压成_____。

16. 万用表蜂鸣挡用来测量_____,测量时若显示"1"或者"OL",通常表明_____。

17. 图 2.31 显示了一个负载的状态,当 $R_S \ll R_L$ 时,$R_S \approx 0$,则 $U \approx U_S$,表明当负载变化时,电源的端电压变化_____,即带负载能力_____。

18. 图 2.32 中,短路状态特征为 $I =$ _____,$U =$ _____,$P =$ _____,$P_S =$ _____。

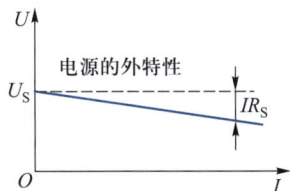

图 2.31

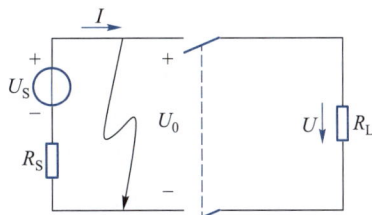

图 2.32

19. 理想电压为 9 V,内阻为 0.1 Ω 的电池,其开路电压为_____。

20. "105"电位器的标称阻值是_____MΩ。

21. 普通 LED 的工作电压为 2 V,工作电流为 5 mA,如果要正常工作在 12 V 的电源上,要串联_____Ω 的电阻。

二、单选题

1. 图 2.33 所示电路中电阻 $R = 5$ Ω,U_{AB} 和电流实际方向为( )。

A. 5 V,I_{AB}　　　　B. –5 V,I_{BA}　　　　C. 5 V,I_{BA}　　　　D. –5 V,I_{AB}

2. 图 2.34 中,如果 $U_1 = 3$ V,$U_2 = 7$ V,则 U_{AB} 为( )。

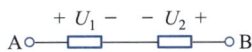

图 2.33　　　　　　　　图 2.34

A. 10 V　　　　　　B. –10 V　　　　　C. 4 V　　　　　　D. –4 V

3. 根据欧姆定律,下列说法正确的是( )。

A. 从 $R = U/I$ 可知,导体的电阻与加在导体两端的电压成正比,与导体中的电流成反比

B. 从 $R = U/I$ 可知,对于某一确定的导体,通过的电流越大,导体两端的电压越大

C. 从 $I = U/R$ 可知,导体中的电流跟两端的电压成正比,跟导体的电阻成反比

D. 从 $R = U/I$ 可知,对于某一确定的导体,所加电压与通过导体的电流之比是恒量

4. 有 A、B、C、D 4 个电阻,它们的 $U\text{--}I$ 关系如图 2.35 所示,则电阻最大的是( )。

A. A　　　　　　　B. B　　　　　　　C. C　　　　　　　D. D

5. 已知 $U = 2$V,$I = -3$ A,关于图 2.36 中元件描述正确的是( )。

A. 发出功率 6 W　　　　　　　　B. 吸收功率 6 W

C. 既不发出功率也不吸收功率　　D. 功率为 0

6. 图 2.37 所示电路中,若 $U_1 = 10$ V, $U_2 = 5$ V,则下列叙述正确的是(　　)。

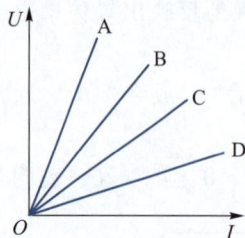
图 2.35

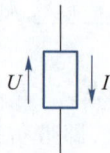
图 2.36

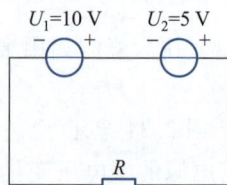
图 2.37

A. U_1 和 U_2 都是负载　　　　　B. U_1 和 U_2 都是电源

C. U_1 是负载,U_2 是电源　　　　D. U_1 是电源,U_2 是负载

7. 电流做功的过程,实际上就是(　　)。

A. 电量转化为能量的过程　　　　B. 电流通过导体受阻力运动的过程

C. 电能转化为其他形式能量的过程　D. 电能转化为热的过程

8. 灯泡的亮度取决于它的(　　)。

A. 额定功率的大小　　　　　　　B. 实际功率的大小

C. 灯泡两端电压的大小　　　　　D. 灯泡中通过电流的大小

9. 电压源的内阻为 3 Ω,外接 2 Ω 电阻时端电压为 4 V,则此电压源的电压为(　　)。

A. 3 V　　　　B. 7 V　　　　C. 12 V　　　　D. 10 V

10. 有一个 220 V、60 W 的灯泡,其灯丝的电阻为(　　)。

A. 807 Ω　　　B. 454 Ω　　　C. 220 Ω　　　D. 100 Ω

11. 某教室安装了 10 只 220 V、60 W 的照明灯,平均每天使用 7 h,每月按使用 22 天计算,则每月耗电(　　)度。

A. 9.24　　　B. 4.2　　　C. 92.4　　　D. 42

三、多选题

1. 电压参考方向的表示方法为(　　)。

A. 用箭头表示　B. 用双下标表示　C. 用数字表示　D. 用正负号表示

2. 已知图 2.38 中 $U = 2$ V,$I = -3$ A,其中是电源的有(　　)。

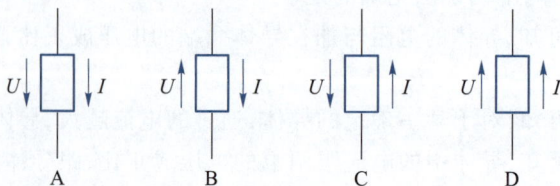
图 2.38

3. 电气设备的三种运行状态为(　　)。

A. 额定工作　　B. 轻载　　C. 过载　　D. 空闲

4. 电路的三种工作状态为(　　　)。

A. 通路(负载)　　　B. 短路　　　　　　C. 开路(空载)　　　D. 空闲

四、计算题

1. 设一个器件上的电压与电流参考方向如图 2.39 所示,已知 $U<0$,$I>0$,电压与电流的实际方向是怎样的? 这个器件是电源还是负载?

2. 图 2.40 中,选 D 点为参考点,设其电位为零,计算各点电位 V_A、V_B、V_C 和电压 U_{AC}。

3. 图 2.41 中,若选取 B 点为参考点,求 A、C、D 三点的电位和电压 U_{CD}。

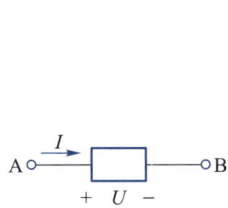

图 2.39

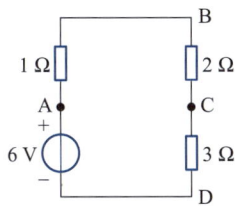

图 2.40

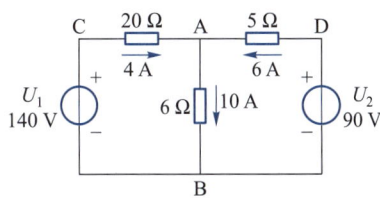

图 2.41

4. 如图 2.42 所示,若已知元件 A 供出功率 10 W,求电压 U。

5. 如图 2.42 所示,已知元件 A 的 $U=-5$ V,$I=-3$ A;元件 B 的 $U=3$ mV,$I=4$ A。求元件 A、B 吸收的功率。

6. 电路如图 2.43 所示,若 $U_S>0$,$I_S>0$,$R>0$,说明各元件分别起电源作用还是负载作用。

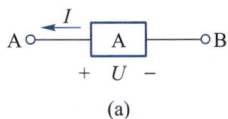

(a)

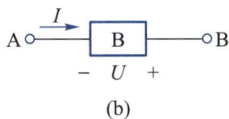

(b)

图 2.42

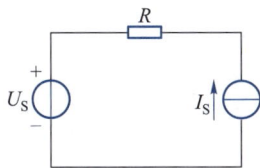

图 2.43

7. 电路如图 2.44 所示,说明该电路的功率守恒情况。

8. 电路如图 2.45 所示,各点对地的电位 $V_A=5$ V,$V_B=3$ V,$V_C=-5$ V,$I=-1$ A,说明元件 A、B、C 分别是起电源作用还是负载作用,并讨论功率平衡。

9. 图 2.46 中,已知 $I_1=2$ mA,$I_2=1$ mA,$R_1=5$ kΩ,$R_2=10$ kΩ,$U_1=10$ V,$U_2=30$ V。求通过元件 3 的电流 I_3 和其两端电压 U_3,并判断它是电源还是负载。

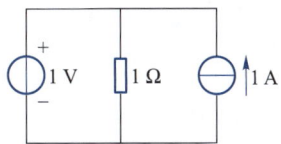

图 2.44

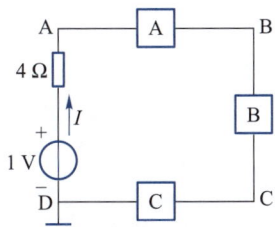

图 2.45

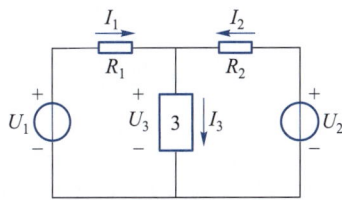

图 2.46

项目 3

汽车前灯电路

做什么

微课
项目引入

在有多个电源作用的复杂电路中,要直接求出某一支路的电流值或某一元件两端的电压值往往比较困难。采用基尔霍夫定律可以方便地求出任一支路的电流值以及某个元件的电压值。本项目通过汽车前灯电路的分析与计算,引出基尔霍夫定律,围绕典型的双电源电路,用测试和计算相结合的方法来验证基尔霍夫定律,掌握基尔霍夫定律的应用,并熟练使用仪器仪表。

来仿真

1. 元器件清单

通过仿真来验证基尔霍夫定律。仿真元器件清单见表 3.1。

表 3.1　验证基尔霍夫定律仿真元器件清单

序号	名称	型号、参数	数量	Proteus 软件中对应元器件名
1	电阻	1 kΩ	3	RES
2	电压源	+9 V	1	VSOURCE
3	电压源	+6 V	1	VSOURCE
4	电流表		3	DC AMMETER
5	电压表		3	DC VOLTMETER

2. 仿真制作

从 Proteus 软件的元器件库中选取表 3.1 中的元器件,按照图 3.1 所示电路在 Proteus 软件中放置元器件,设置参数,连线并进行电气规则检查,最后按步骤加入电流表和电压表,进行测量。

① 在电路的 3 条支路中分别加入一个电流表,测量各支路电流 I_1、I_2、I_3。在虚拟仪器模式中选择 DC AMMETER 的 Milliamps 模式。

② 在电阻 R_1、R_2、R_3 两端分别连接一个电压表,测量各元件两端的电压。在虚拟仪器模式中选择 DC VOLTMETER 模式。

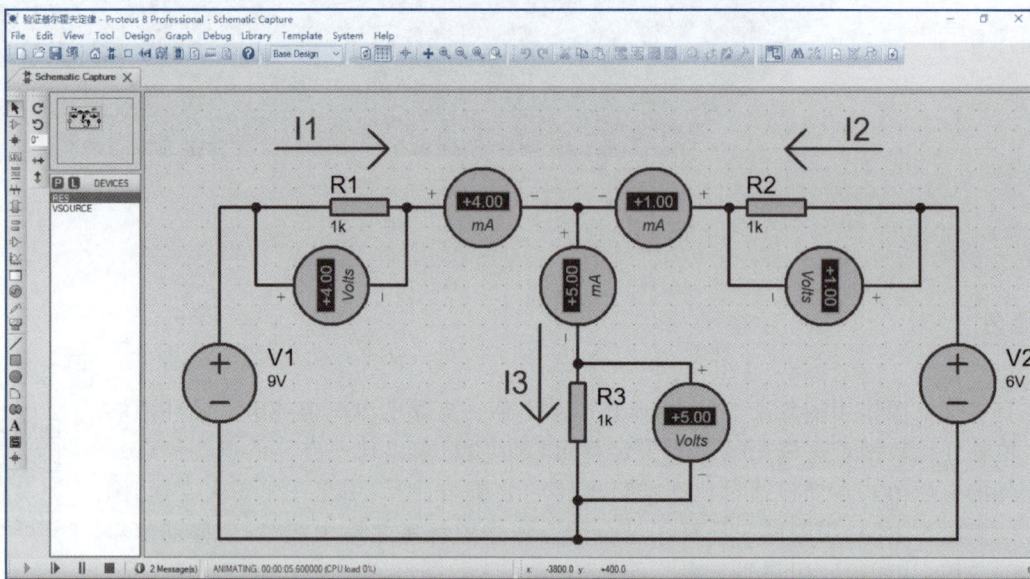

图 3.1   验证基尔霍夫定律仿真电路

运行电路,观察项目的仿真演示效果,读取测量结果,见表 3.2。

表 3.2   测 量 结 果

测量量	I_1	I_2	I_3	U_{R1}	U_{R2}	U_{R3}
测量值	4 mA	1 mA	5 mA	4 V	1 V	5 V
计算值	$I_1 + I_2 = 5 \text{ mA}$; $I_3 = I_1 + I_2$; 回路 1:$U_{R1} + U_{R3} - U_1 = 0$; 回路 2:$U_{R2} + U_{R3} - U_2 = 0$; 回路 3:$U_{R1} - U_{R2} + U_2 - U_1 = 0$					

3. 验证基尔霍夫定律

基尔霍夫定律是分析与计算电路最基本的定律之一。一般来说,电路遵循的基本规律主要体现在两个方面：一是各电路元件本身的特性，如 R、L、C 元件各自的电压与电流之间的关系；二是电路整体的规律，它表明电路整体必须服从的约束关系，这种关系与元件的具体性质无关，而是与电路中各元件的连接情况有关。

基尔霍夫定律就是用来描述电路整体所必须遵循的规律的。它包括基尔霍夫电流定律（KCL）和基尔霍夫电压定律（KVL），前者应用于电路中的节点，而后者应用于电路中的回路。

在本项目中，通过对仿真测量的数据进行计算发现：对于节点 A，流入的电流 I_1+I_2 的和为 5 mA，正好等于流出的电流 I_3 的值，验证了 KCL；对于任意一个节点，流入节点的电流之和等于流出节点的电流之和，也就是节点电流的代数和为零。

同样，对于 3 个回路中的任意一个回路，沿回路一周各段电压的代数和恒等于零，验证了 KVL。

动手做

1. 电路原理图

图 3.2 所示为使用双路电源+9 V、+6 V 验证基尔霍夫定律的电路，在电路中标注了各支路电流 I_1、I_2、I_3 的参考方向。

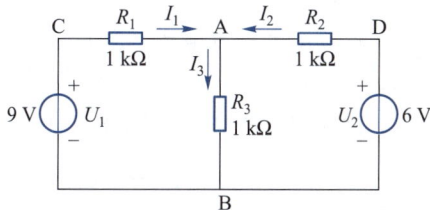

图 3.2　验证基尔霍夫定律电路

2. 准备元器件

电路搭建所需元器件见表 3.3。

表 3.3　电路搭建所需元器件

序号	名称	参数	数量
1	面包板		1
2	导线		若干
3	电阻	1 kΩ	3
4	直流电源	+9 V	1
5	直流电源	+6 V	1
6	万用表		1

3. 搭建电路

1. 核对元器件

核对并测量元器件清单中的元器件及数量。

微课
电路搭建

2. 搭建电路并调试

按照电路图在面包板上搭建电路,如图 3.3 所示,观察和调试验证基尔霍夫定律的功能。

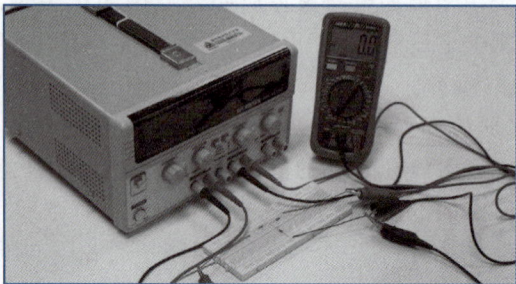

图 3.3　验证基尔霍夫定律的电路搭建

① 调节直流稳压电源,使得一路输出为 9 V,另一路输出为 6 V,把两路电源分别连接到电路中。

② 根据设定的电流参考方向,用万用表直流电流挡测量各支路电流 I_1、I_2、I_3,并记录在表 3.4 中。

③ 用万用表直流电压挡测量各元件两端的电压,按 U_{CA}、U_{DA}、U_{AB} 的参考方向测量电阻 R_1、R_2、R_3 两端的电压,并将数据填入表 3.4。

④ 根据测量数据,计算电流、电压值,验证基尔霍夫定律。

表 3.4　验证基尔霍夫定律测量数据表

测量量	I_1	I_2	I_3	U_{R1}	U_{R2}	U_{R3}
理论值	4 mA	1 mA	5 mA	4 V	1 V	5 V
测量值						
计算值	$I_1+I_2=$ ； 回路 1：$U_{R1}+U_{R3}=$ ； 回路 2：$U_{R2}+U_{R3}=$ ； 回路 3：$U_{R1}-U_{R2}+U_2-U_1=$					

学知识

1. 支路、节点和回路

（1）支路

支路是电路中没有分支的一段电路。一条支路流过的同一电流,称为支路电流。图 3.6 中有 BAD、BD、BCD 3 条支路。支路的特点如下。

① 每个元件可视为一条支路。

② 串联的元件视为在同一条支路中。

③ 在一条支路中电流处处相等。

（2）节点

电路中 3 条及以上支路的交汇点称为节点。图 3.4 中有 B、D 两个节点。节点的特点如下。

① 两条以上支路的连接点是节点。

② 广义节点包括任意闭合面。

（3）回路

回路是电路中的任一闭合路径。图 3.4 中共有 3 个回路，即 ABDA、BCDB、ABCDA。回路的特点如下。

① 闭合的支路构成回路。

② 闭合节点的集合构成回路。

（4）网孔

网孔是指未被任何支路分割的最简单的回路，网孔是特殊的回路。图 3.4 中有两个网孔 ABDA、BCDB。网孔的特点如下。

① 网孔是内部不包含任何支路的回路。

② 网孔一定是回路，但回路不一定是网孔。

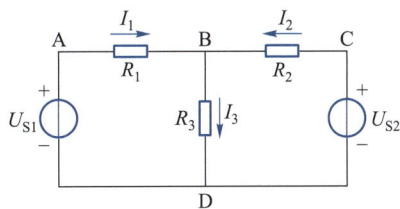

图 3.4　支路、节点、回路

2. 基尔霍夫电流定律（KCL）

基尔霍夫电流定律（Kirchhoff's current law，KCL）可表述为：对于电路中任一节点，在任一时刻，流入该节点的电流之和恒等于流出该节点的电流之和。

对于图 3.4 中的节点 B 而言，可依 KCL 写出

$$I_1 + I_2 = I_3$$

或

$$I_1 + I_2 - I_3 = 0$$

即

$$\sum I = 0 \tag{3.1}$$

KCL 又可表述为：在任一时刻，电路中任一节点上的电流的代数和恒等于零。如果设定流入节点的电流取正号，则从节点流出的电流就取负号。式（3.1）称为基尔霍夫电流方程或节点电流方程。

基尔霍夫电流定律的物理本质是电荷守恒原理，它反映出电流的连续性。电荷在电路中流动，在任何一点上（包括节点）既不会消失，也不会堆积，体现了电荷的守恒。

基尔霍夫电流定律通常应用于节点，也可以把它推广应用于包围部分电路的任一假设的闭合面，该闭合面就可被看作一个广义节点。例如，在图 3.5 所示电路中，假想闭合面所包围的部分电路就可被看作一个广义节点。对节点 A、B、C 分别列出其 KCL 方程

$$I_A = I_{AB} - I_{CA}$$

$$I_B = I_{BC} - I_{AB}$$

$$I_C = I_{CA} - I_{BC}$$

三式相加,可得

$$I_A + I_B + I_C = 0$$

即
$$\sum I = 0 \tag{3.2}$$

由此可见,在任一时刻,通过任一闭合面的电流的代数和也恒等于零。

例 3.1   图 3.6 所示为某局部电路,已知 $I_1 = 6$ A, $I_2 = -3$ A, $I_5 = 4$ A, $I_6 = -2$ A, $I_7 = 1$ A。求电流 I_3、I_4。

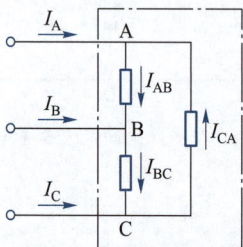

图 3.5   广义节点

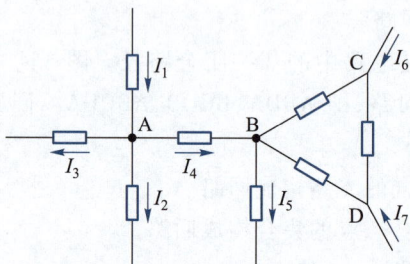

图 3.6   例 3.1 图

解:对包含节点 B、C、D 的假想闭合面,列出 KCL 方程

$$I_4 - I_5 + I_6 + I_7 = 0$$

代入数值
$$I_4 - 4 + (-2) + 1 = 0$$

得
$$I_4 = 5 \text{ A}$$

对节点 A 列 KCL 方程

$$I_1 - I_2 - I_3 - I_4 = 0$$

代入数值
$$6 - (-3) - I_3 - 5 = 0$$

得
$$I_3 = 4 \text{ A}$$

由本例可见,式中有两套正负号,I 前的正负号是由 KCL 根据电流的参考方向确定的,括号内数字前的正负号则表示电流本身数值的正负,在列写 KCL 方程时注意不要混淆。

3.   基尔霍夫电压定律（KVL）

基尔霍夫电压定律(Kirchhoff's voltage law,KVL)可表述为:对于电路中任一回路,在任一时刻,沿某闭合回路的电压降之和等于电压升之和。

在图 3.7 所示电路中,按虚线所示绕行方向,根据电压的参考方向可列出 KVL 方程

$$U_3 + U_2 = U_4 + U_1$$

或改写为

$$-U_1 + U_2 + U_3 - U_4 = 0$$

即
$$\sum U = 0 \tag{3.3}$$

KVL 又可表述为:在任一时刻,沿电路中任一回路所有支路或元件上电压的代数

和恒等于零。

在列写 KVL 方程时,必须选定闭合回路的绕行方向。绕行方向可选定为顺时针方向,也可选定为逆时针方向。当支路或元件上电压的参考方向和绕行方向一致时取正号,相反时取负号。

式(3.3)称为基尔霍夫电压方程或回路电压方程。

KVL 的物理本质是能量守恒原理,因为电荷沿回路绕行一周后,它所获得的能量与消耗的能量必然相等。

KVL 不仅可以应用于闭合回路,也同样可以推广应用于假想回路,即广义回路。在图 3.8 中,电压 U_{AB} 可以被看成连接 A 和 B 的另一支路的电压降,这样就可将 ABOA 看作一个广义上的闭合回路。取绕行方向为顺时针方向,就可列出此广义回路的 KVL 方程

$$U_{AB}+U_B-U_A=0$$

即

$$U_{AB}=U_A-U_B$$

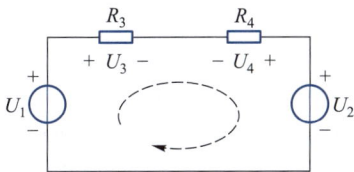

图 3.7　电路示意图

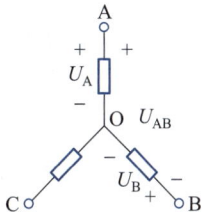

图 3.8　KVL 的推广

例 3.2　图 3.9 所示电路中,已知 $U_S=12$ V,$R=5$ Ω,$I_S=1$ A。求:

(1)电流源的端电压 U;

(2)各元件的功率。

解:设电流源的端电压为 U,其参考方向如图 3.9 中所示。

(1)设顺时针方向为回路绕行方向,列出 KVL 方程

$$U_R-U-U_S=0$$

得

$$U=U_R-U_S=I_SR-U_S=(1\times5-12)\ \text{V}=-7\ \text{V}$$

(2)各元件的功率:

电阻　　　　$P_1=U_RI=(5\times1)\ \text{W}=5\ \text{W}(消耗功率,为负载)$

电压源　　　$P_2=-U_SI=(-12\times1)\ \text{W}=-12\ \text{W}(发出功率,为电源)$

电流源　　　$P_3=-UI_S=[-(-7)\times1]\ \text{W}=7\ \text{W}(消耗功率,为负载)$

例 3.3　一闭合回路如图 3.10 所示,各支路的元件是任意的。已知 $U_{AB}=2$ V,$U_{BC}=3$ V,$U_{ED}=-4$ V,$U_{AE}=6$ V。求 U_{CD} 和 U_{AD}。

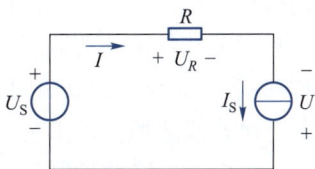

图 3.9　例 3.2 图

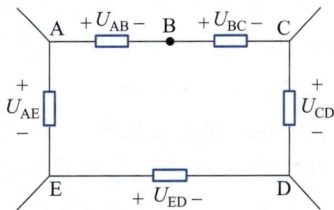

图 3.10　例 3.3 图

解：设顺时针方向为回路的绕行方向，列出 KVL 方程

$$U_{AB}+U_{BC}+U_{CD}-U_{ED}-U_{AE}=0$$

即

$$2+3+U_{CD}-(-4)-6=0$$

得

$$U_{CD}=-3 \text{ V}$$

把 ADEA 看作一个广义回路，又有

$$U_{AD}-U_{ED}-U_{AE}=0$$

即 $U_{AD}-(-4)-6=0$，得 $U_{AD}=2$ V。

也可把 ABCDA 看作一个广义回路，列出 KVL 方程

$$U_{AB}+U_{BC}+U_{CD}-U_{AD}=0$$

即 $2+3+(-3)-U_{AD}=0$，同样得 $U_{AD}=2$ V。

4. 基尔霍夫定律应用

下面应用基尔霍夫定律分析放大电路。

实际问题 3.1　在图 3.11 所示三极管共射放大电路中，已知 $U_{CC}=5$ V，$R_C=1$ kΩ，$I_B=20$ μA，$I_C=3$ mA，应用基尔霍夫定律计算三极管的电流 I_E、电压 U_{CE}。

解决方法：把三极管看作一个广义节点，对于这个节点，流入的电流为 I_B、I_C，流出的电流为 I_E，根据 KCL 的广义应用，$I_E=I_B+I_C=3$ mA+20 μA = 3.02 mA。

把电源 U_{CC}、电阻 R_C、三极管 T 组成的支路看作一个广义的回路。在这个回路中，应用 KVL 列方程

$$U_{CC}=I_C R_C+U_{CE}$$

得

$$U_{CE}=U_{CC}-I_C R_C=(5-3\times1)\text{ V}=2\text{ V}$$

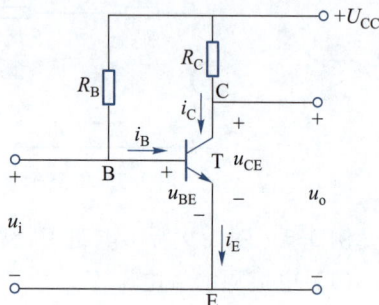

图 3.11　放大电路

项目小结

基尔霍夫定律建立在电荷守恒定律、欧姆定律和电压环路定理的基础上，在稳恒电流条件下严格成立。当基尔霍夫电压定律、电流定律联合使用时，可正确、迅速地计算出电路中各支路的电流值和各元件的电压值。由于低频交流电具有的电磁波长远大于电路的尺度，所以它在电路中每一瞬间的电流与电压均能在足够好的程度上满足基尔霍夫定律。因此，基尔霍夫定律的应用范围也可扩展到交流电路之中。它除了可以用于直流电路的分析和交流电路的分析，还可以用于含有电子元件的非线性电路的分析。基尔霍夫定律反映了电路最基本的规律，因此对直流电路和本书后面要介绍的交流电路、线性电路和非线性电路、平面电路和非平面电路，基尔霍夫定律普遍适用。运用基尔霍夫定律进行电路分析时，结论仅与电路的连接方式有关，而与构成该电路的元器件具有什么样的性质无关。

习题

一、填空题

1. 由一个或几个元件首尾相接构成的无分支电路称为_____;三条或三条以上支路的交汇点称为_____;电路中任一闭合路径称为_____;内部不包含支路的回路称为_____。

2. 在图 3.12 所示电路中,有_____个节点,_____条支路,_____条回路,_____个网孔。

3. 在图 3.13 所示电路中,已知 $I_1 = 2$ A,$I_2 = 3$ A,则 $I_3 =$_____。

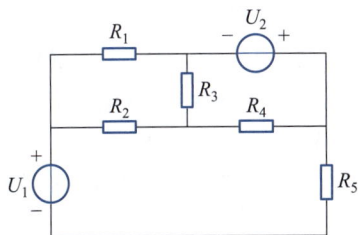

图 3.12

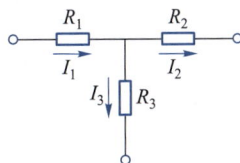

图 3.13

4. 已知图 3.14 所示三极管的 $I_B = 20$ μA,$I_C = 4$ mA,则 $I_E =$_____。

5. 在图 3.15 所示电路中,$I_1 =$_____,$I_2 =$_____,$I_3 =$_____。

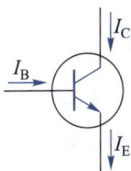

图 3.14

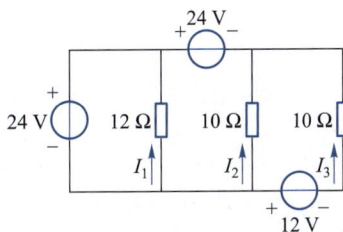

图 3.15

6. KVL 的应用可以推广到开口回路。图 3.16 所示电路假想为闭合回路,沿绕行方向,根据 KVL,有 $U_{AB} =$_____。

7. 在图 3.17 所示电路中,已知 $U_1 = 12$ V,$U_2 = 27$ V,$R_1 = 3$ Ω,$R_2 = 2$ Ω,则 $I =$_____,$U_{AB} =$_____。

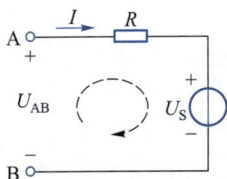

图 3.16

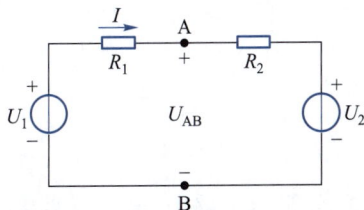

图 3.17

二、单选题

1. 如图3.18所示,I 为(　　)。

A. 2 A　　　　　B. 7 A　　　　　C. 5 A　　　　　D. 6 A

2. 在图3.19所示电路中,I_1 和 I_2 的关系为(　　)。

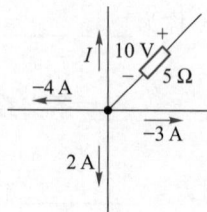

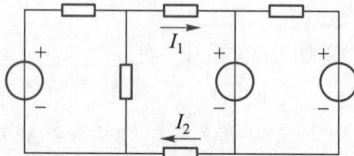

图3.18　　　　　　　　　　图3.19

A. $I_1 < I_2$　　　　B. $I_1 > I_2$　　　　C. $I_1 = I_2$　　　　D. 不能确定

3. 在图3.20所示电路中,已知 $I_1 = 5$ A,$I_2 = -3$ A,$I_3 = -4$ A,则电流 I_4 为(　　)。

A. 4 A　　　　　B. −4 A　　　　　C. 3 A　　　　　D. −3 A

4. 在图3.21所示电路中,假设绕行方向为逆时针方向,则可列回路电压方程
(　　)。

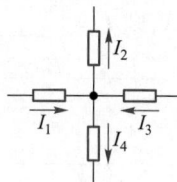

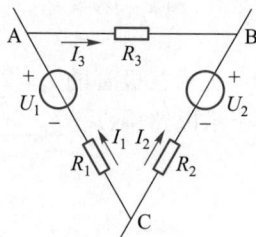

图3.20　　　　　　　　　　图3.21

A. $I_3 R_3 - U_2 + I_2 R_2 - I_1 R_1 + U_1 = 0$　　　　B. $I_3 R_3 - U_2 + I_2 R_2 + I_1 R_1 - U_1 = 0$

C. $-I_3 R_3 + U_1 - I_1 R_1 + I_2 R_2 - U_2 = 0$　　　D. $-I_3 R_3 - U_1 + I_1 R_1 - I_2 R_2 + U_2 = 0$

5. 如图3.22所示,U 为(　　)。

A. 3 V　　　　　B. 4 V　　　　　C. −4 V　　　　　D. −3 V

6. 在图3.23所示电路中,U_{AB} 的表达式可写成 $U_{AB} = ($　　$)$。

A. $IR + U$　　　B. $IR - U$　　　C. $-IR + U$　　　D. $-IR - U$

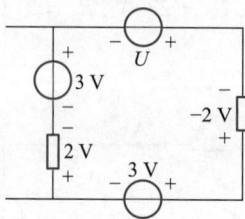

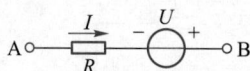

图3.22　　　　　　　　图3.23

7. 在图3.24所示电路中,电流源两端的电压 U 为(　　)。

A. 20 V　　　　　B. −40 V　　　　　C. 60 V　　　　　D. 80 V

8. 在图 3.25 所示电路中,已知 $U_1 = -2$ V, $U_2 = 4$ V,则 U_{AB} 为(　　)。

A. -2 V　　　　　B. -6 V　　　　　C. 2 V　　　　　D. 6 V

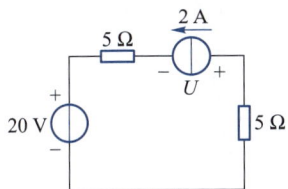

图 3.24

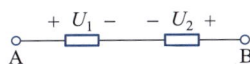

图 3.25

三、计算题

1. 求图 3.26 所示电路中的 I。

2. 在图 3.27 所示电路中,已知 $I_1 = 2$ A, $I_2 = -3$A, $I_5 = 4$ A,求电流 I_3、I_4、I_6。

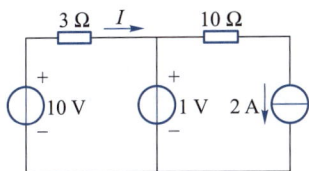

图 3.26

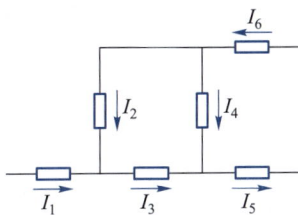

图 3.27

3. 在图 3.28 所示电路中,求电流 i_1、i_2。

4. 在图 3.29 所示电路中,求直流电流 I_1、I_2、I_3 及电压 U。

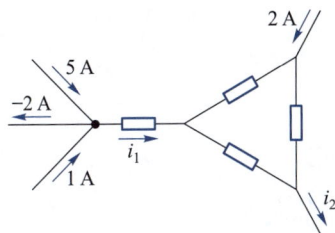

图 3.28

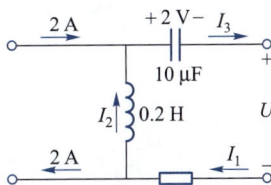

图 3.29

5. 图 3.30 所示为复杂电路的一部分,已知 $U = 6$ V, $R_1 = 1$ Ω, $R_2 = 3$ Ω, $I_2 = 2$ A, $I_4 = 1$ A,求 I_1、I_3。

6. 图 3.31 所示为具有 2 个节点、3 条支路的复杂电路,试列出 1 个独立的节点电流方程和 2 个网孔回路电压方程。

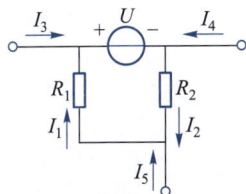

图 3.30

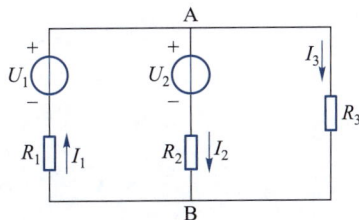

图 3.31

7. 应用 KVL 求图 3.32 所示电路中元件端电压 U_5、U_7、U_9。已知 $U_1 = 10$ V，$U_2 = -4$ V，$U_3 = 6$ V，$U_4 = 5$ V，$U_6 = 7$ V，$U_8 = 10$ V。

8. 电路如图 3.33 所示，求 U_{AC}、U_{AB}。

9. 在图 3.34 所示电路中，求电流 $I_1 \sim I_5$ 及 $V_A \sim V_G$。

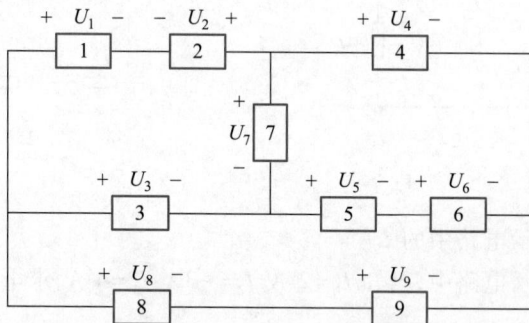

图 3.32

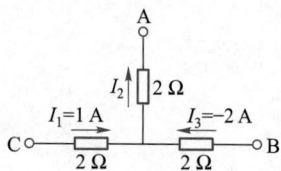

图 3.33

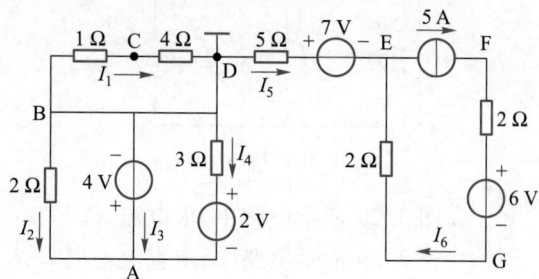

图 3.34

项目 4

可调速简易风扇

做什么

微课
项目引入

风扇是日常生活中常用的电器。本项目通过串并联电阻的分压实现一台可调速简易风扇的基本功能。在风扇电路中,按下按键 K_1,风扇低速转动;按下按键 K_2,风扇中速转动;按下按键 K_3,风扇高速转动。

来仿真

1. 元器件清单

通过仿真来实现可调速简易风扇的功能。仿真元器件清单见表 4.1。

表 4.1　可调速简易风扇仿真元器件清单

名称	型号、参数	数量	Proteus 软件中对应元器件名
按键	自锁按键	3	BUTTON
直流电动机	VRF-300CG	1	Motor
电阻	100 Ω	3	RES
电阻	10 Ω	1	RES

2. 仿真制作

从 Proteus 软件的元器件库中选取表 4.1 中的元器件,按照图 4.1 所示电路在 Proteus 软件中放置元器件,设置参数,连线并进行电气规则检查,最后运行电路,对简易可调速风扇进行仿真制作,观察仿真演示效果。

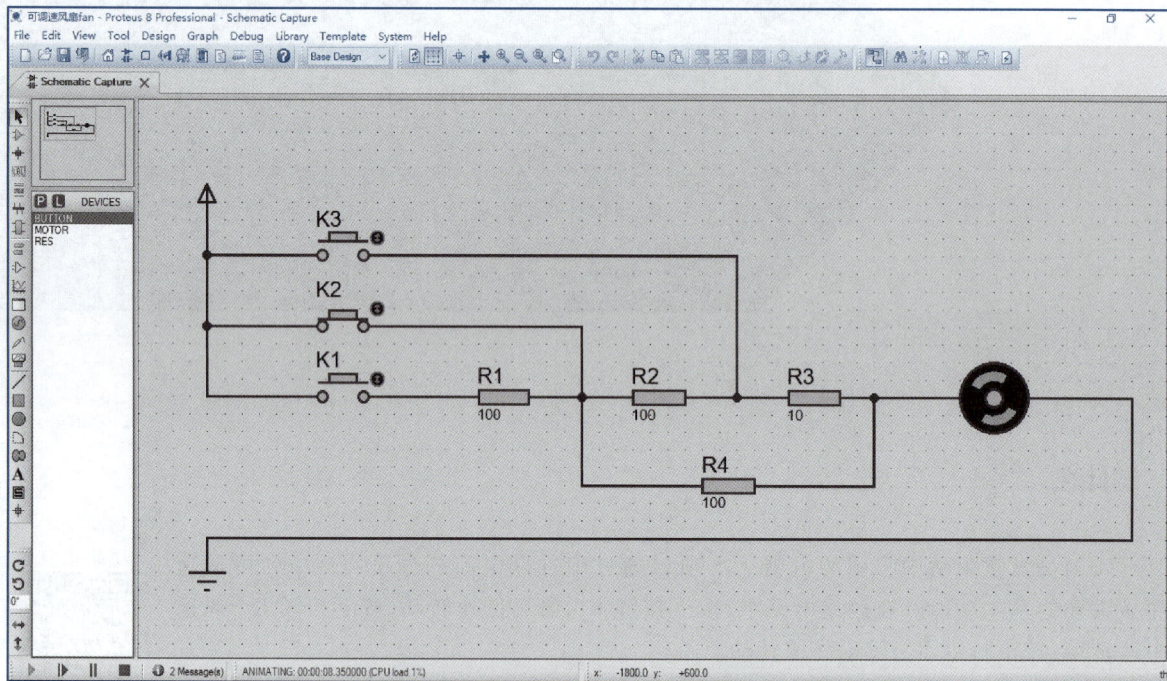

图 4.1   可调速简易风扇仿真电路

3. 可调速简易风扇原理分析

可调速简易风扇是怎么使用不同挡位实现调速的? 可以分别思考以下问题:

(1) 电动机的转速和什么条件有关?

电动机分为交流电动机和直流电动机,在本项目中采用直流电动机。直流电动机的转速与加在它两端的电压大小和磁场有关。磁场控制起来比较复杂,那么就来看看电动机的转速与它两端电压的关系,电压越高转速越高,电压越低转速越低。可以通过改变电动机两端的电压大小来实现电动机的转速变化。

(2) 通过什么方法实现电动机的调速? 电阻串并联可以帮助解决问题吗?

改变电动机两端的电压值,经常用到的方法有可控硅调速、PWM 调速、电阻分压调速等。刚开始接触电路分析和设计时,先从最简单的电阻串并联分压调速电路入手,实现电动机的调速功能。

动手做

1. 电路原理图

图 4.2 所示为使用电阻分压电路实现的可调速风扇的电路。采用 3 个按键控制 4 个电阻的不同连接方式,实现等效电阻分压的变化,从而改变电动机两端电压来实现调速功能。

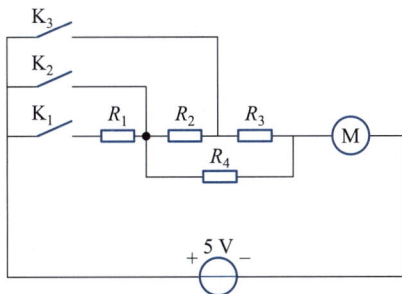

图 4.2　可调速简易风扇电路

4 个电阻 R_1、R_2、R_3、R_4 的阻值分别为 100 Ω、100 Ω、10 Ω、100 Ω。

K_1、K_2、K_3 分别按下的等效电路是不一样的,如图 4.3 所示。

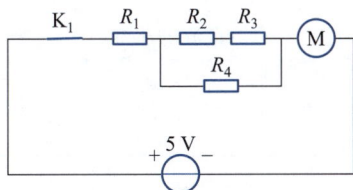

(a) K_1 按下的等效电路

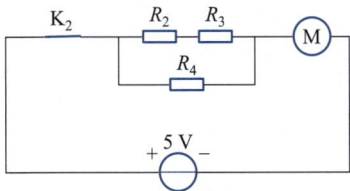

(b) K_2 按下的等效电路

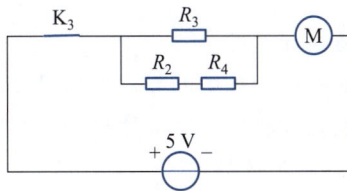

(c) K_3 按下的等效电路

图 4.3　可调速简易风扇的等效电路

当 K_1 按下时,等效电路如图 4.3(a)所示,电路中电阻的连接关系是 R_2、R_3 串联后与 R_4 并联,然后再和电阻 R_1 串联,等效电阻阻值为

$$R_N = R_1 + (R_2 + R_3) \mathbin{/\!/} R_4 = 152.4\ \Omega$$

当 K_2 按下时,等效电路如图 4.3(b)所示,电路中电阻 R_1 不起作用,电阻的连接关

系是 R_2、R_3 串联后与 R_4 并联,等效电阻阻值为

$$R_N = (R_2 + R_3) /\!/ R_4 = 52.4\ \Omega$$

当 K_3 按下时,等效电路如图 4.3(c)所示,电路中电阻的连接关系是 R_2、R_4 串联,然后与 R_3 并联,等效电阻阻值为

$$R_N = (R_2 + R_4) /\!/ R_3 = 9.5\ \Omega$$

显然,3 个按键分别按下时,等效电阻不一样,两端分到的电压值就不同,那么电动机分到的电压也不同。等效电阻越大,分到的电压越大,电动机分到的电压就越小,转速就越低。

当 K_1 按下时,等效电阻 R_N 为 152.4 Ω,直流电动机的内阻比较小,那么 R_N 分到的电压大,直流电动机分到的电压小,转速低。K_2 按下时,R_N 变为 52.4 Ω,它分到的电压比 K_1 按下时要小一些,那么直流电动机分到的电压就变大,转速变高。K_3 按下时,R_N 变为 9.5 Ω,直流电动机分到的电压更大,转速更高。由此,实现了可调速简易风扇的功能。

2. 准备元器件

搭建电路所需元器件见表 4.2。

表 4.2　搭建电路所需元器件

名称	参数	数量	名称	参数	数量
面包板		1	电阻	100 Ω	3
电池盒		1	电阻	10 Ω	1
电池	4~6 V	1	直流电动机	VRF-300CG	1
按键	自锁按键	3	导线	铁线	若干
扇叶		1			

3. 搭建电路

(1)核对元器件

核对元器件清单中的元器件型号及数量。

(2)测量和检测各个元器件的参数和功能

1)色环电阻读数

用色环法和万用表测电阻,在表 4.3 中填写它们各自的标称值及实测值。

表 4.3　电阻标称值识别表

色环	棕黑棕金	棕黑黑金
标称值		
实测值		

2）自锁按键测量通断

自锁按键具有紧锁功能，又称为紧锁按键。按一下按键，开关闭合导通，并且一直维持导通的状态；再次按下按键，开关断开。图 4.4 所示的某款按键有 6 只引脚，每一边 3 只引脚为一组，两组相对独立。一边的 3 只引脚 A、B、C 中，中间引脚 B 为公共端，另外两只引脚一只是动合触点，另一只是动断触点，通常用公共端和动合触点构成一个开关使用。

用万用表测量通断的功能来测量，选择 A、B、C 中断开的两只引脚作为开关。按键没有按下时，开关断开；按键按下时，开关闭合导通。

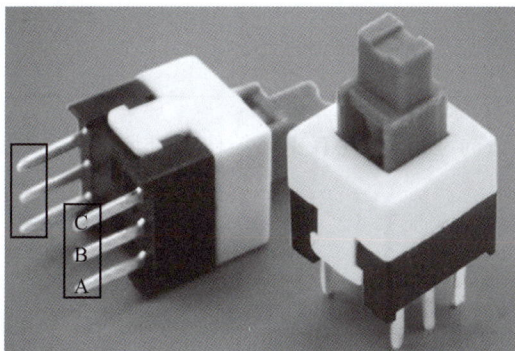

图 4.4　自锁按键

（3）搭建电路和调试

按照电路图在面包板上搭建电路，观察和调试可调速简易风扇的功能。

搭建好的电路如图 4.5 所示。按下按键 K_1，风扇低速转动；按下按键 K_2，风扇中速转动；按下按键 K_3，风扇高速转动。

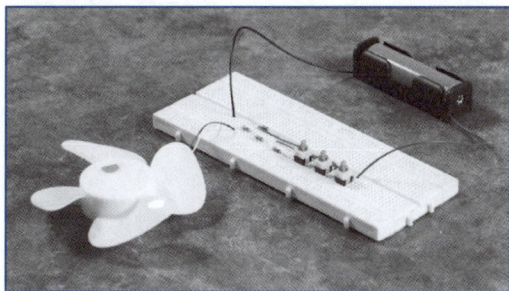

图 4.5　可调速简易风扇的电路搭建

微课
电路搭建

去拓展

1. 准备可调速简易风扇电路元器件和焊接工具，见表 4.4，自己焊接电路板，"DIY"一个可调速简易风扇。

表 4.4　可调速简易风扇电路元器件和焊接工具

元件和工具	参数	数量
电阻	100 Ω	3
电阻	10 Ω	1
自锁按键		3
面包板		1
风扇模型	带电池	1
电烙铁	（含焊锡、烙铁架等）	1
胶枪		1
裁纸刀		1
螺钉旋具（螺丝刀）		1

2. 增加按键和配置合适的电阻，实现有更多挡位的可调速简易风扇。

学知识

1. 电阻的串联

电路中两个或更多个电阻顺序相连，称为电阻的串联，如图 4.6 所示。电阻串联时，通过各电阻的电流是同一电流，即

$$I = I_1 = I_2 = \cdots = I_n$$

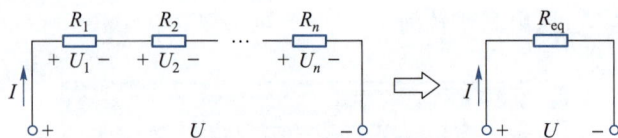

图 4.6　电阻的串联

图 4.6 中 n 个电阻串联时，根据 KVL 有

$$U = U_1 + U_2 + \cdots + U_n = (R_1 + R_2 + \cdots + R_n) I = R_{eq} I$$

其中

$$R_{eq} = R_1 + R_2 + \cdots + R_n = \sum_{k=1}^{n} R_k \tag{4.1}$$

R_{eq} 称为这些串联电阻的等效电阻。它与这些串联电阻所起的作用是一样的。

可以看出，n 个串联电阻吸收的总功率等于它们的等效电阻 R_{eq} 吸收的功率。R_{eq} 必大于任意一个串联电阻。

电阻串联时，各电阻上的电压为

$$U_k = R_k I = \frac{R_k}{R_{eq}} U, \qquad k = 1, 2, \cdots, n \tag{4.2}$$

式(4.2)称为电压分配公式,它表明各个串联电阻的电压与其电阻值成正比。或者说,总电压按各个串联电阻的电阻值在总电阻值中所占比例分配。

小　经　验

1. 当 n 个阻值相等的电阻 R 串联时,等效电阻 $R_{eq} = nR$。
2. 如果两个串联电阻中 $R_1 \gg R_2$,那么,等效电阻 $R_{eq} \approx R_1$。

例4.1　在图4.7所示电路中,已知 $U = 6$ V,$R_1 = 100$ Ω,$R_2 = 200$ Ω,求电压 U_1、U_2 以及电流 I。

解:

$$U_1 = \frac{R_1}{R_1 + R_2} U = \frac{100}{100 + 200} \times 6 \text{ V} = 2 \text{ V}$$

$$U_2 = \frac{R_2}{R_1 + R_2} U = \frac{200}{100 + 200} \times 6 \text{ V} = 4 \text{ V}$$

$$I = U_1 / R_1 = U_2 / R_2 = 20 \text{ mA}$$

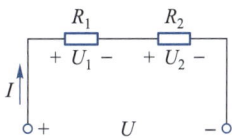

图4.7　例4.1电路

实际问题4.1　已知直流电源电压为 5 V,现在要为电路提供 1 V 的参考电压,怎么实现?

解决方案: 电阻具有分压作用,可以采用电阻分压电路来从大电压中分出需要的小电压,如图4.8所示。电路中,U_C 是要获得的参考电压 1 V,根据分压公式,可得到 R_1 与 R_2 的比值为 4∶1,也就是选取 R_1 的阻值是 R_2 的 4 倍,就可以实现想要的 1 V 电压 U_C 了。

实际问题4.2　某 LED 两端电压为 2 V 时正常工作,工作电流为 5 mA。怎么将 LED 接入直流电源为 5 V 的电路,并正常工作?

解决方案: 如果把 LED 直接接到 5 V 电源上,那么电流会过大,导致 LED 损坏。所以,应该限制流过 LED 的电流。解决方案是把一个电阻与 LED 串联后再接直流电源。图4.9所示为解决这个实际问题的电路。电阻 R 在这个电路中的作用是限流,因此称为限流电阻。

提示

R_1 和 R_2 的具体取值,在保证它们比值的前提下,应根据从参考电压 U_C 接口处流出的电流 I_C 的大小来决定。需要的电流 I_C 越大,R_1 和 R_2 的取值越小。

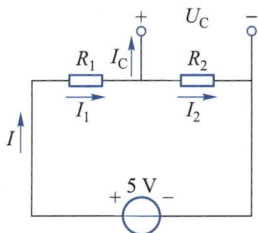

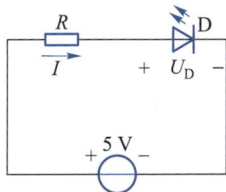

图4.8　电阻分压电路　　图4.9　LED 正常工作电路

限流电阻 R 取多大值? LED 正常工作时两端电压为 2 V,电路中总电压为 5 V,那么电阻 R 两端的电压为 3 V。由于 LED 的工作电流为 5 mA,因此电阻上流过的电流也为 5 mA。根据欧姆定律,可以计算出需要串联的电阻 R 的阻值为

$$R = \frac{U - U_D}{I} = \frac{5 - 2}{5} \text{ kΩ} = 0.6 \text{ kΩ}$$

2. 电阻的并联

两个或更多个电阻分别连接在同一对公共节点之间,称为电阻的并联,如图 4.10 所示。电阻关联时,各电阻两端电压值相同,即

$$U = U_1 = U_2 = \cdots = U_n$$

图 4.10 中 n 个电阻并联,根据 KCL 有

$$I = I_1 + I_2 + \cdots + I_n$$

即

$$\frac{U}{R_{eq}} = \frac{U}{R_1} + \frac{U}{R_2} + \cdots + \frac{U}{R_n}$$

由此可得

$$\frac{1}{R_{eq}} = \frac{1}{R_1} + \frac{1}{R_2} + \cdots + \frac{1}{R_n}$$

即

$$\frac{1}{R_{eq}} = \sum_{k=1}^{n} \frac{1}{R_k} \qquad (4.3)$$

由式(4.3)可以看出,n 个并联电阻吸收的总功率等于它们的等效电阻 R_{eq} 吸收的功率。R_{eq} 必小于任意一个并联电阻。

电阻并联时,各电阻中的电流为

$$I_k = \frac{U}{R_k} = \frac{R}{R_k} I = \frac{G_k}{G} I, \quad k = 1, 2, \cdots, n \qquad (4.4)$$

式(4.4)称为电流的分配公式。它表明,各个并联电阻中的电流与它们各自的电导值成正比。或者说,总电流按各个并联电阻的电导值分配。

例如,两个电阻的并联如图 4.11 所示,根据上述结论有

$$\frac{1}{R_{eq}} = \frac{1}{R_1} + \frac{1}{R_2}$$

即等效电阻 R_{eq} 为

$$R_{eq} = \frac{R_1 R_2}{R_1 + R_2} \qquad (4.5)$$

图 4.10   电阻的并联

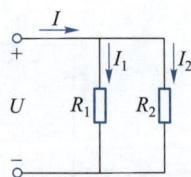

图 4.11   两个电阻的并联

两个电阻并联的分流公式为

$$\left. \begin{array}{l} I_1 = \dfrac{U}{R_1} = \dfrac{I R_{eq}}{R_1} = \dfrac{R_2}{R_1 + R_2} I \\[3mm] I_2 = \dfrac{U}{R_2} = \dfrac{I R_{eq}}{R_2} = \dfrac{R_1}{R_1 + R_2} I \end{array} \right\} \qquad (4.6)$$

提示

在此特别提出两个电阻并联的分流公式,是因为在后面的电路分析中经常要用到它。

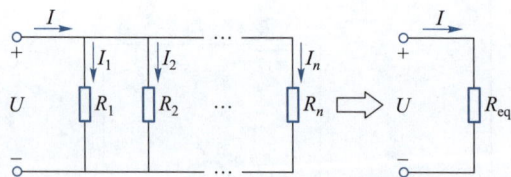

一般来说,负载都是并联运用的。并联的负载电阻越多(负载增加),等效的总电阻就越小,在端电压不变的情况下,电路中总电流和总功率也就越大,但每个负载的电流和功率理论上保持不变。

小　经　验

1. 当 n 个阻值相等的电阻 R 并联时,等效电阻 $R_{eq} = R/n$。

2. 如果两个电阻并联,$R_1 \gg R_2$,等效电阻 $R_{eq} \approx R_2$。

例 4.2　电路如图 4.12 所示,已知 $I = 3$ A,$R_1 = 100$ Ω,$R_2 = 200$ Ω,求电路中电流 I_1、I_2 和电压 U。

解：

$$I_1 = \frac{R_2}{R_1 + R_2} I = 2 \text{ A}$$

$$I_2 = \frac{R_1}{R_1 + R_2} I = 1 \text{ A}$$

$$U = I_1 R_1 = I_2 R_2 = 200 \text{ V} \quad 或 \quad U = IR = 3 \times \frac{100 \times 200}{100 + 200} \text{ V} = 200 \text{ V}$$

实际问题 4.3　在可调速简易风扇电路中,发现接了 200 Ω 的电阻后,风扇转速非常低。在只有 200 Ω 电阻的情况下,怎么提高风扇的转速?

解决方案：如图 4.13 所示,通过两个 200 Ω 的电阻并联,降低等效电阻的阻值,从而提高电动机两端的电压,实现风扇转速的提高。

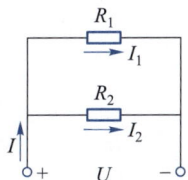

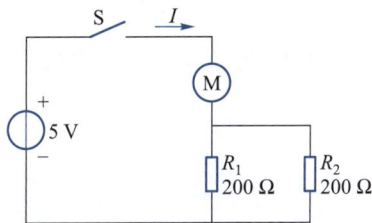

图 4.12　例 4.2 电路　　　　图 4.13　并联电阻解决实际问题

3. 电阻的混联

对于一个比较简单的线性电阻电路,如能通过电阻串联和并联的等效变换来化简电路,就能很方便地求出未知量。

例 4.3　求图 4.14(a)所示电路中 A、B 两点间的等效电阻 R_{AB}。

解：图 4.14(a)中 R_2 与 R_3 并联,电路可改画成图 4.14(b)所示电路。

在串并联相关公式中代入数值,可得

$$R_{AB} = R_1 + (R_2 \mathbin{/\mkern-4mu/} R_3 + R_4) \mathbin{/\mkern-4mu/} R_6 + R_5$$

$$= \left[1 + \frac{(1+1) \times 2}{(1+1) + 2} + 1 \right] \text{ Ω} = (1 + 1 + 1) \text{ Ω} = 3 \text{ Ω}$$

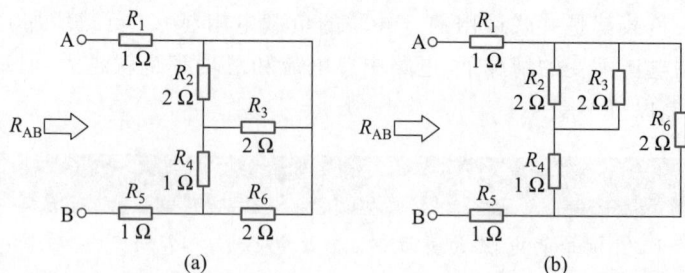

图 4.14　例 4.3 电路

例 4.4　电路如图 4.15 所示,已知 $R_1 = R_2 = R_3 = R_4 = 50\ \Omega, R_5 = 30\ \Omega$,求 A、B 间的等效电阻 R_{AB}。

解:(1)给每一个连接点标上字母。同一导线相连的各连接点用同一字母。

(2)依次看两个连接点之间有几个电阻。

(3)画出等效电路,如图 4.16 所示,计算等效电阻 R_{AB}。

$$R_{AB} = R_5 + R_1 /\!/ R_2 /\!/ R_3 /\!/ R_4 = \left(30 + \frac{50}{4}\right)\ \Omega = 42.5\ \Omega$$

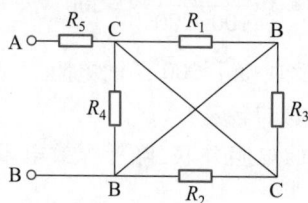

图 4.15　例 4.4 电路

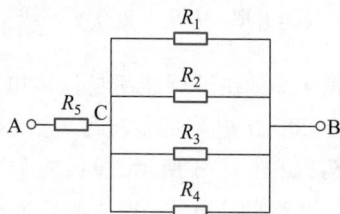

图 4.16　例 4.4 等效电路

例 4.5　求图 4.17 所示电路中的电流 I_3。

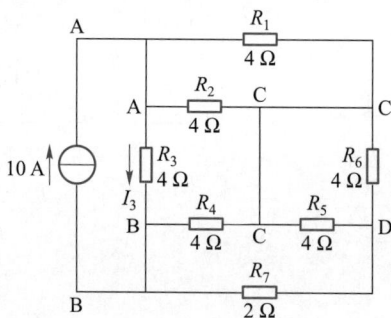

图 4.17　例 4.5 电路

解:画出图 4.17 的等效电路,如图 4.18(a)所示。

在电路 4.18(a)中,R_1 与 R_2 并联,得 $R_{12} = 2\ \Omega$。R_5 与 R_6 并联,得 $R_{56} = 2\ \Omega$。电路简化为图 4.18(b)所示。R_{56} 与 R_7 串联,再与 R_4 并联,$R_{4567} = 2\ \Omega$。电路简化为图 4.18(c)所示。

图 4.18(c)简化为图 4.18(d)。根据电阻并联分流公式,得

$$I_3 = 10 \times \frac{R}{R+R_3} \text{A} = 5 \text{ A}$$

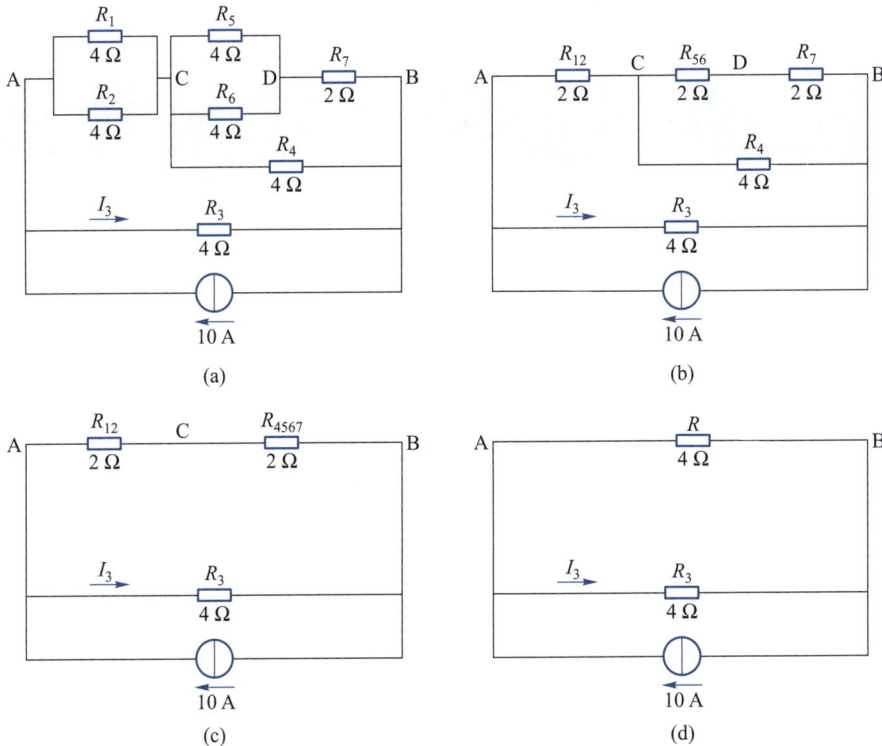

图 4.18　例 4-5 等效电路

4.　直流电动机

　　直流电机可作为发电机使用,产生直流电源,也可作为电动机使用,具有良好的调速性能。直流电动机是将直流电能转换成机械能的一种装置,常用于对起动和调速性能要求较高的场合。图 4.19 所示为直流电动机的外形和电路符号。

(a) 外形(VRT-300CG直流电动机)　　　　(b) 电路符号

图 4.19　直流电动机外形和电路符号

　　表 4.5 是 VRT-300CG 直流电动机参数表。它的直径是 24 mm,电压范围是 3 ~ 6 V,加上电压后即开始转动。给直流电动机的两端标上字母 P、M,给直流电动机两端加上电压 U_{PM}。U_{PM} 为正时,电动机正转;当 U_{PM} 为负时,电动机反转。当两端没有电位

差,也就是 $U_{PM}=0$ 时,电动机静止不转。

通过实验验证,当电动机两端所加电压为 3 V 时转速是 3 700 r/min,6 V 时转速是 6 700 r/min。也就是说,电动机电压越小,转速越低;电压越大,转速越高。

表4.5　VRT-300CG 直流电动机参数表

型号	直径/mm	电压范围/V	额定电压/V	实测电压(U_{PM})/V	电流/A	堵转电流/A	转速/(r/min)
VRF-300CG	24	3 ~ 6	3	3	0.02	0.27	3 700
				6	0.04	0.5	6 700

微课
项目小结

项目小结

通过本项目可调速简易风扇电路搭建和相关知识技能点的学习,掌握电阻串联、并联、混联电路等简单电路的分析及应用,新器件的识别及使用方法,电路的基本搭接和焊接技术,直流电动机的使用方法。

电阻串并联在电路的分析中应用得比较广泛,通过电阻的串并联可以进行分压、限流、分流等,起到保护电路中的元件、改变阻值、改变功率和调速、调光的作用。

习题

一、填空题

1. 串联电阻的等效电阻等于各电阻值的_____,通过各电阻的电流____,各电阻的电压与其电阻值成_____比。

2. 串联电阻可以分担电压,称为____作用,有此用途的电阻称为____电阻。

3. 两个电阻 R_1 和 R_2 组成一串联电路,已知 $R_1:R_2=1:2$,则通过两电阻的电流之比 $I_1:I_2=$_____,两电阻上的电压之比 $U_1:U_2=$_____,消耗功率之比 $P_1:P_2=$_____。

4. 各个并联电阻中的电流与它们各自的电导值成_____比;各个并联电阻的电压_____。

5. 两个电阻 R_1 和 R_2 组成一个并联电路,已知 $R_1:R_2=1:2$,则两电阻两端的电压之比 $U_1:U_2=$_____,通过两电阻的电流之比 $I_1:I_2=$_____,两电阻的消耗功率之比 $P_1:P_2=$_____。

6. 图 4.20 所示电路中,$R_1=100\ \Omega$,$R_2=100\ \Omega$,$R_3=10\ \Omega$,$R_4=100\ \Omega$,两点间的等效电阻 $R_{AD}=$_____,$R_{BD}=$_____。

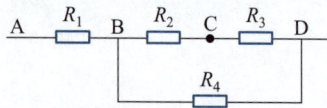
图 4.20

二、单选题

1. 已知每盏节日彩灯的等效电阻为 2 Ω,通过的额定电流为 0.2 A,若将它们串联,接在 220 V 的电源上,需串接(　　)。

A. 55 盏　　　B. 110 盏　　　C. 1 100 盏　　　D. 550 盏

2. 两个阻值均为 R 的电阻,串联时的等效电阻与并联时的等效电阻之比为(　　)。

A. 2∶1　　　B. 1∶2　　　C. 4∶1　　　D. 1∶4

3. 三个电阻分别为 6 Ω、6 Ω、6 Ω,它们并联时的等效电阻为(　　)。

A. 1 Ω　　　B. 2 Ω　　　C. 4 Ω　　　D. 8 Ω

4. 图 4.21 所示电路中,A、B 间有 4 个电阻串联,$R_2 = R_4$,电压表 V_1 示数为12 V,V_2 示数为 18 V,则 A、B 之间的电压 U_{AB} 应为(　　)。

A. 20 V　　　B. 24 V　　　C. 30 V　　　D. 36 V

5. 图 4.22 所示电路中,等效电阻 R_{AB} 为(　　)。

A. 5 Ω　　　B. 10 Ω　　　C. 21 Ω　　　D. 26 Ω

6. 图 4.23 所示电路中,等效电阻 R_{AB} 应为(　　)。

A. 60 Ω　　　B. 180 Ω　　　C. 14.3 Ω　　　D. 50 Ω

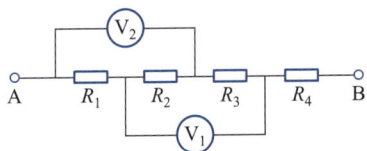
图 4.21

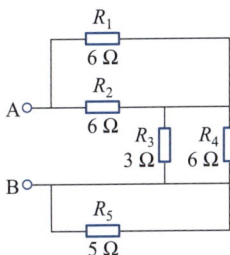
图 4.22

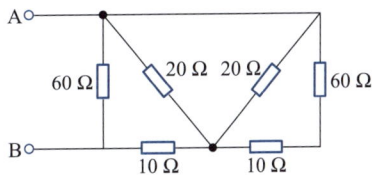
图 4.23

7. 图 4.24 所示电路中,等效电导 G 为(　　)。

A. $\dfrac{1}{6}$ S　　　B. 6 S　　　C. 27 S　　　D. $\dfrac{1}{27}$ S

8. 图 4.25 所示电路中,等效电阻 R_{AB} 为(　　)。

A. 4 Ω　　　B. 2 Ω　　　C. 8 Ω　　　D. 0 Ω

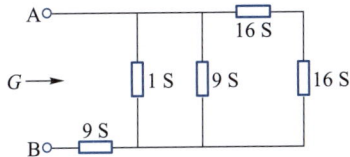
图 4.24

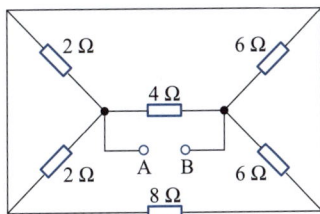
图 4.25

三、计算题

1. 电路如图 4.26 所示,求等效电阻 R_{AB}。

2. 图 4.27 所示电路中,求等效电阻 R_{AB} 和等效电阻 R_{BC}。

3. 图 4.28 所示电路中,若开关 S_1、S_3、S_4 闭合,其他开关打开,求 A、B 两点间的电阻值。

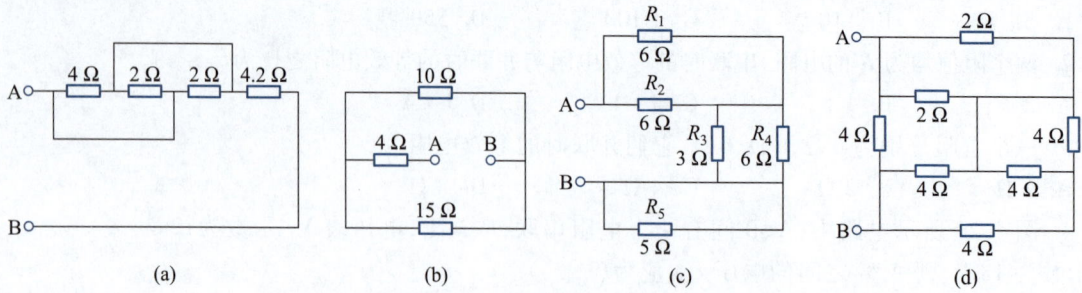

图 4.26

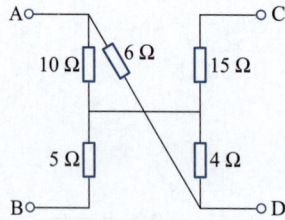

图 4.27

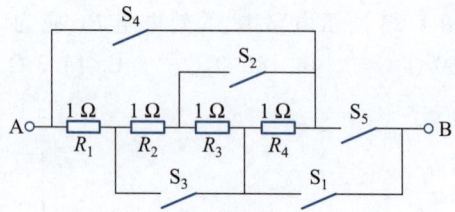

图 4.28

4. 求图 4.29 所示电路中的等效电阻 R_{AB}。

5. 图 4.30 所示电路中,已知 $R_1 = R_2 = R_3 = R_4 = 10\ \Omega$,$R_5 = 5\ \Omega$,画出等效电路图,并求 R_{AB}。

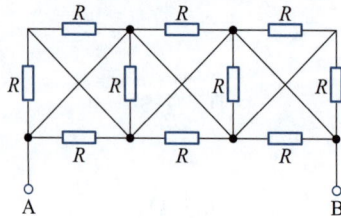

图 4.29

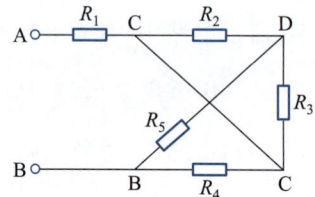

图 4.30

趣解复杂电路

做什么

微课
项目引入

对于简单电路,不用基尔霍夫电流定律、电压定律,只用串并联化简和欧姆定律就能求解。但在电子技术中经常会遇到许多复杂电路,前面所学的计算方法就不够用了。复杂电路是指不能仅用串并联规则加以简化求解的电路。可见,这里的"简单"与"复杂"不是指元器件数量的多少,而是指它们的连接方式或相互关系。

本项目主要以线性电阻电路为例来讨论几种常用的电路分析方法,如支路电流法、节点电压法、叠加定理、戴维南定理、电源等效变换法等。这里所介绍的各种方法也可以应用到后文要介绍的正弦交流电路的稳态分析中。

叠加定理是分析线性电路的一个重要定理,它可以把一个复杂电路简化成几个简单电路。下面先通过一个小实验来体会叠加定理解决复杂问题的妙处吧。

来仿真

1. 元器件清单

根据图 5.1 所示电路挑选出叠加定理仿真元器件清单,见表 5.1。通过仿真来认识叠加定理的用法。

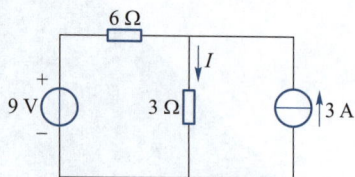

图 5.1   叠加定理电路

表 5.1   叠加定理仿真元器件清单

序号	名称	型号、参数	数量	Proteus 软件中对应元器件名
1	电压源	VSOURCE	1	VSOURCE
2	电流源	CSOURCE	1	CSOURCE
3	电阻	6 Ω	1	RES
4	电阻	3 Ω	1	RES
5	直流电流表	仪表类	1	DC AMMETER

微课
仿真制作

2. 仿真制作

从 Proteus 软件的元器件库中选取表 5.1 中的元器件,按照图 5.1 在 Proteus 软件中放置电阻、电压源和电流源,设置好参数。在软件窗口左侧的仪器仪表菜单里选取直流电流表 DC AMMETER,与 3 Ω 电阻串联。最后运行电路,观察仿真结果,得到流经 3 Ω 电阻的电流为 3.00 A,如图 5.2 所示。

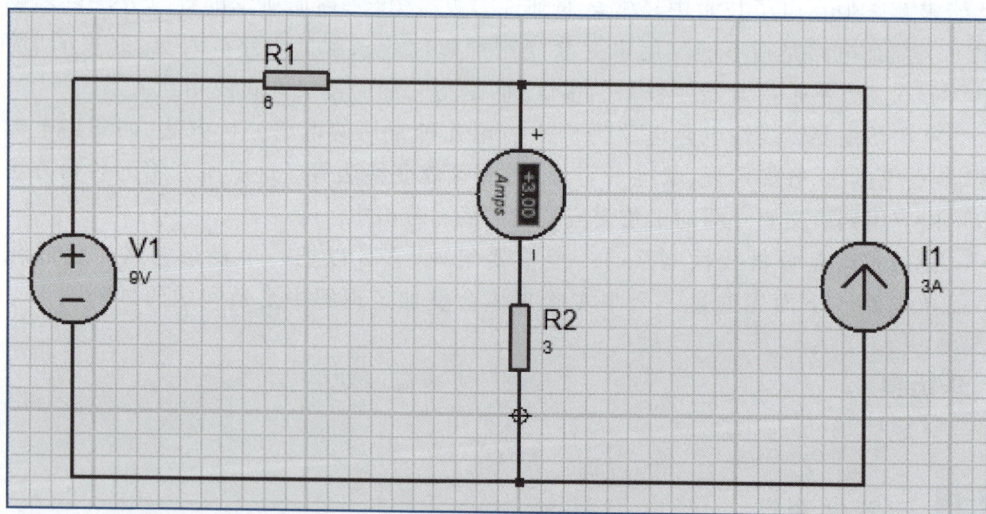

图 5.2   叠加定理仿真电路

只保留 9 V 的电压源,而将电流源置零(就是将电流源开路),再次进行仿真,如图 5.3 所示。观察仿真结果,得到流经 3 Ω 电阻的电流为 1.00 A。

只保留 3 A 的电流源,而将电压源置零(就是将电压源短路),再次进行仿真,如图 5.4 所示。观察仿真结果,得到流经 3 Ω 电阻的电流为 2.00 A。

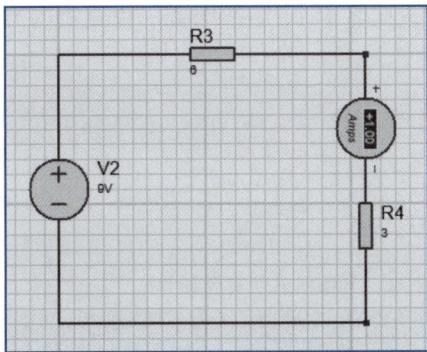

图 5.3　只有电压源作用的仿真电路

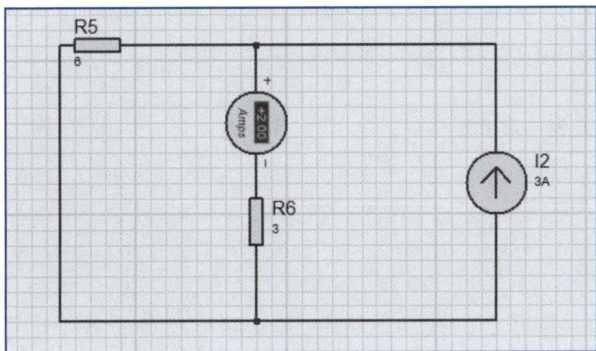

图 5.4　只有电流源作用的仿真电路

3.　实验结果分析

观察前面三个仿真电路,发现当电压源和电流源同时作用在 3 Ω 电阻上时产生的电流,就是电压源和电流源分别单独作用时产生的电流之和,这就是叠加定理的基本内容。

动手做

1.　电路原理图

图 5.5 所示为叠加定理实验电路。

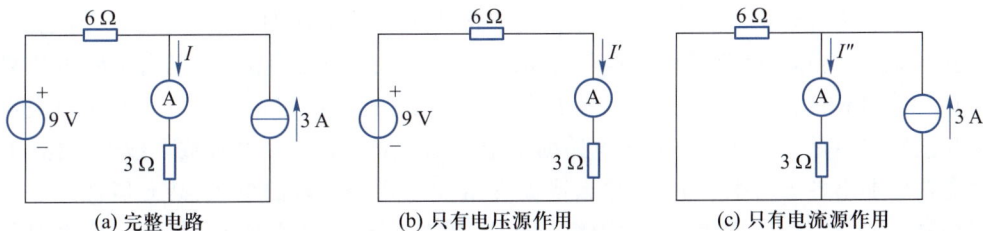

图 5.5　叠加定理实验电路

实验需准备 3 Ω、6 Ω 电阻各 1 个,还需准备一块直流电流表,或者使用万用表的直流电流挡。

2. 准备元器件

电路搭建所需元器件见表 5.2。

表 5.2　电路搭建所需元器件

序号	名称	参数	数量
1	直流电源		1
2	电阻	6 Ω	1
3	电阻	3 Ω	1
4	直流电流表或万用表	仪表类	1

3. 搭建电路

在有多个电源共同作用的线性电路中,各支路电流等于各个电源单独作用时产生的电流的代数和,如图 5.5 所示。图中设定电流参考方向后,应有 $I = I' + I''$。在测量叠加定理电路中的 3 个电流值时,先将 3 个电流表用导线代替,要测某个电流时,将此处的导线拔去后用电流表接通即可,方便测量。

学知识

1. 不太好用的"必杀技"——支路电流法

先来讨论求解复杂电路的一个方法。形容它为"必杀技",是因为它"放之四海而皆准",可以用来求解任意复杂的电路;说它不太好用,是因为用人工计算的方法列写方程和求解,需要的方程数量较多,求解难度较高。当然,如果用相关的计算机软件(如 MATLAB)来求解,存储和计算能力足够,这个"不太好用"就不成立了。

这种方法是以支路电流为未知量来列写电路方程,因此被称为支路电流法。

实际电路有时比较复杂,可能无法用上述几种等效变换的方法来化简。但是,无论多么复杂,实际电路都是由节点和支路组成的。连接在同一节点上的各支路电流之间必然遵循 KCL;构成一个回路的各支路上的电压之间也必定遵循 KVL。基尔霍夫定律和欧姆定律是分析和计算各种电路的理论基础。对任何一个线性或非线性电路,如果能首先求出各支路中的电流,那么诸如支路或元器件两端的电压、某元器件产生或消耗的功率之类的计算就可迎刃而解。这样,需要关心的就是怎么建立起一个电路的支路电流方程并求解。下面以图 5.6 为例,详细说明支路电流法的应用。

（1）标出支路电流参考方向

如果电路中有 b 条支路，且都为未知量，则应该列出 b 个电路方程，由于在图 5.6 中有 2 个节点和 3 条支路，故可设 3 条支路中的电流为未知量，其参考方向已标出。

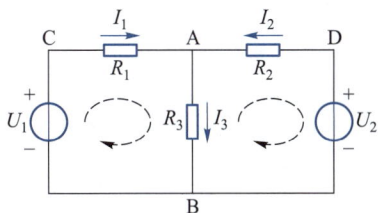

图 5.6　支路电流法举例

（2）根据 KCL 列节点电流方程

图 5.6 中有 A、B 2 个节点，分别应用 KCL 列出节点电流方程。

对节点 A　　　　　　　　　　$I_1 + I_2 - I_3 = 0$

对节点 B　　　　　　　　　　$-I_1 - I_2 + I_3 = 0$

显然，这 2 个方程是重复的，因为其中一个可由另一个变换而成。因此，节点电流方程中有一个是无效的。如果在此设 A 点为独立节点，B 就为非独立节点，也可反过来设 B 为独立节点，那么 A 就成为非独立节点。总之，对于非独立节点列写 KCL 方程是无效的。

一般来说，一个电路如果有 n 个节点，则可以列出 $n-1$ 个有效的电流方程，或称之为独立的电流方程。在图 5.6 中由于节点数 $n=2$，可在上述两式中任取其一作为独立的电流方程。

（3）根据 KVL 列回路电压方程

图 5.6 中共有 3 个回路，即 ABCA、ADBA、ADBCA。根据 KVL 可以列出 3 个电压方程，但通过分析同样可发现其中仅有两个电压方程是独立有效的。图中已设 3 个支路电流为未知量，共需 3 个独立的方程，而前面已由 KCL 列出了一个独立的方程，这时再由 KVL 列出 2 个独立的电压方程，正好就满足了全部的要求。

一般情况下，对于具有 n 个节点、b 条支路的电路，由 KCL 可列出 $n-1$ 个独立的电流方程，而余下的独立方程的数量 $l = b - (n-1)$，都是回路电压方程，可相应地由 KVL 列出。

怎么选取适当的电压回路？一般情况下，在针对回路列写 KVL 方程时，如果每个回路中至少各包含一条新的支路，则方程是独立的。一个比较简便的方法是按照网孔来列 KVL 方程。

网孔是回路的特殊形式，它的内部没有其他支路。例如，在图 5.6 中，回路 ABCA 和 ADBA 是网孔，而 ADBCA 则不是，这是因为其内部有支路 AB。根据有关"网络拓扑理论"的描述可知，电路图中的所有网孔就是一组独立的回路，网孔数必然等于 $b-(n-1)$。

通常可在图中的网孔内用虚线标出所选定的回路绕行方向并列写 KVL 方程。当然，也可不必画出虚线而凭观察直接写出 KVL 方程。连同前面已经列出的 KCL 方程，本例中共得到下列方程组

$$\begin{cases} I_1 + I_2 - I_3 = 0 \\ R_1 I_1 + R_3 I_3 = U_1 \\ R_2 I_2 + R_3 I_3 = U_2 \end{cases}$$

（4）联立求解方程组

在具体求解过程中，可用消元法或行列式来计算未知量。

（5）结果检验

通常可根据计算出的支路电流值对设定的非独立节点列写 KCL，或者对未列 KVL 方程的一个回路进行验算，还可以通过功率平衡关系来检验计算结果的正确性。

原则上，任何复杂的电路都可以用支路电流法来求解，但是当支路数目较多时，方程数也相应较多，计算起来比较烦琐，这是应用支路电流法的主要不足之处。

例 5.1　在图 5.7 所示电路中，用支路电流法求支路电流 I_1、I_2、I_3。

解：选定各支路电流的参考方向，如图 5.7 所示。

对节点 A 列 KCL 方程，得

$$I_1 + I_2 - I_3 = 0$$

对两网孔分别列 KVL 方程，得

$$I_1 R_1 + I_3 R_3 = U_1$$

$$I_2 R_2 + I_3 R_3 = U_2$$

将相关数据代入方程组并整理，得

$$\begin{cases} I_1 + I_2 - I_3 = 0 \\ 5I_1 + 2I_3 = 10 \\ 10I_2 + 2I_3 = 20 \end{cases}$$

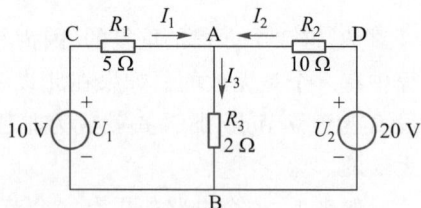

图 5.7　例 5.1 图

得

$$\begin{cases} I_1 = 1\,\mathrm{A} \\ I_2 = 1.5\,\mathrm{A} \\ I_3 = 2.5\,\mathrm{A} \end{cases}$$

例 5.2　在图 5.8 所示电路中，已知 $R_1 = 10\,\Omega$，$R_2 = 3\,\Omega$，$R_3 = R_4 = 2\,\Omega$，$I_\mathrm{S} = 3\,\mathrm{A}$，$U_1 = 6\,\mathrm{V}$，$U_2 = 10\,\mathrm{V}$。求支路电流 I_1、I_2、I_3 及电流源的端电压 U_S。

解：该电路共有 4 条支路，由于 R_1 与 I_S 串联，根据电流源的外特性可知，R_1 不会改变这条支路中电流的大小，所以这条支路中电流仍为 3 A。这时，待求的未知变量就变成另 3 个支路电流 I_1、I_2、I_3。

用支路电流法列出的 KCL 和 KVL 方程组为

$$\begin{cases} I_1 - I_2 - I_3 + I_\mathrm{S} = 0 \\ I_1 R_2 + I_2 R_3 = U_1 \\ I_2 R_3 - I_3 R_4 = U_2 \end{cases}$$

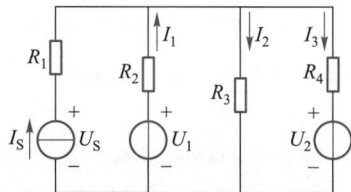

图 5.8　例 5.2 图

代入相关数据，得

$$\begin{cases} I_1 - I_2 - I_3 = -3 \\ 3I_1 + 2I_2 = 6 \\ 2I_2 - 2I_3 = 10 \end{cases}$$

联立求解方程组，得

$$\begin{cases} I_1 = -0.5 \text{ A} \\ I_2 = 3.75 \text{ A} \\ I_3 = -1.25 \text{ A} \end{cases}$$

另有　　　　　　　$U_{AB} = I_2 R_3 = 3.75 \times 2 \text{ V} = 7.5 \text{ V}$

$$U_S = I_S R_1 + U_{AB} = (3 \times 10 + 7.5) \text{ V} = 37.5 \text{ V}$$

2. 以更少变量列方程——节点电压法

前面掌握了不太好用的"必杀技"支路电流法。既然这个"放之四海而皆准"的"大招"对支路多的电路不太好用,那就再了解其他方法和技巧。

下面介绍解决复杂电路问题的另一种方法。它是以节点电压为未知量列写方程,特别适用于节点少、支路多的电路。在实际电路中,节点的数量一般会少于支路的数量。

还是以双电源供电的电路为例,介绍节点电压法的核心思想与解题步骤。

例 5.3　图 5.9 中两台直流发电机并联,为电路中的负载提供电能。设第一台发电机提供的电压源 U_1 为 10 V,内阻 R_1 为 5 Ω;第二台发电机的电压源 U_2 为 20 V,内阻 R_2 为 10 Ω,负载 R_3 为 2 Ω。求 R_3 上的电流 I_3 及两台发电机的输出电流 I_1 和 I_2。

图 5.9 中有两个节点 A 和 B,选择其中一个为参考节点。如果选 B 点,那么 A 点与参考节点之间的电压称为节点电压 U,其参考方向由 A 指向 B。利用 KCL 对节点 A 列电流方程

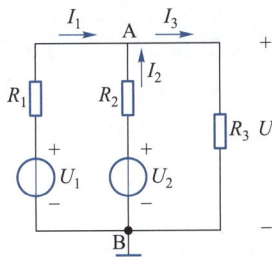

图 5.9　节点电压法举例

$$I_1 + I_2 - I_3 = 0$$

下面以节点电压为未知量来表示支路电流,从而列出节点上的 KCL 方程。

根据 $U_1 = I_1 R_1 + U$ 得　　　　　　　$I_1 = \dfrac{U_1 - U}{R_1}$

同理可得　　　　　　　$I_2 = \dfrac{U_2 - U}{R_2}$

$$I_3 = \dfrac{U}{R_3}$$

将这 3 个算式带入电流方程 $I_1 + I_2 - I_3 = 0$,很容易得到

$$\frac{U_1 - U}{R_1} + \frac{U_2 - U}{R_2} - \frac{U}{R_3} = 0$$

把包含节点电压 U 的项放在等号一侧,其余项放在另一侧,上式变为

$$\left(\frac{1}{R_1} + \frac{1}{R_2} + \frac{1}{R_3} \right) U = \frac{U_1}{R_1} + \frac{U_2}{R_2}$$

将电路的具体参数代入方程

$$\left(\frac{1}{5}+\frac{1}{10}+\frac{1}{2}\right)U=\frac{10}{5}+\frac{20}{10}$$

求得节点电压 $U=5\ \mathrm{V}$

求出了节点电压 U,要求得各条支路的电流就易如反掌了。

$$I_1=\frac{U_1-U}{R_1}=\frac{10-5}{5}\ \mathrm{A}=1\ \mathrm{A}$$

$$I_2=\frac{U_2-U}{R_2}=\frac{20-5}{10}\ \mathrm{A}=1.5\ \mathrm{A}$$

$$I_3=\frac{U}{R_3}=\frac{5}{2}\ \mathrm{A}=2.5\ \mathrm{A}$$

总结节点电压法的解题步骤:

① 选定一个节点为参考节点,设电位为 0;
② 根据 KCL,列出剩余节点的节点电压方程;
③ 解方程,求节点电压;
④ 由节点电压再求各支路电流。

小 经 验

1. 支路电流法以支路电流为未知量,适合支路少的电路。
2. 节点电压法以节点电压为未知量,节点数越少的电路越适用。

3. 化繁为简——叠加定理

随着"一带一路"畅议的推进,我国物流产业迅猛发展。在秦岭地区有机会得见两辆机车驱动上百节车厢前进的壮观场景。客运列车一般才 18 节车厢,由一辆机车牵引就够了。货运列车因为车厢多、质量大,可用两辆机车提供双倍动力。目前国内的"和谐"系列牵引力最大的机车在大秦铁路中使用,两辆机车最多能牵引 204 节车厢。

这种用两辆机车叠加增加运力的思路在力学、声学、通信、印染、化工等许多行业领域也广泛应用。

在电学中有没有这种叠加的运用?当然有。在电学中叠加定理普遍使用,在解决电路问题时,可以把多个独立电源作用的电路分解成各个电源单独作用在该电路上产生的电压或电流的代数和。这样就可以把一个复杂电路分解成若干个简单电路。

叠加定理可表述为:任何线性网络中,若含有多个独立电源,则网络中任一支路中的响应电流(或电压)等于电路中各个独立电源单独作用时在该支路中产生的电流(或电压)的代数和。

叠加定理的正确性可用图 5.10(a)中支路电流 I_1 和 I_2 说明。

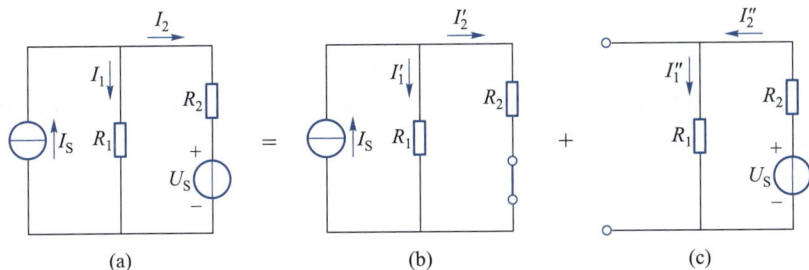

图 5.10　叠加定理

在图 5.10(a)电路中有两个独立电源,其中一个为电流源 I_S,另一个为电压源 U_S,根据支路电流法列出两个独立方程

$$\begin{cases} I_1 + I_2 = I_S \\ I_1 R_1 = I_2 R_2 + U_S \end{cases}$$

联立求解,得

$$\begin{cases} I_1 = \dfrac{R_1}{R_1 + R_2} I_S + \dfrac{U_S}{R_1 + R_2} \\ I_2 = \dfrac{R_1}{R_1 + R_2} I_S - \dfrac{U_S}{R_1 + R_2} \end{cases}$$

而在图 5.10(b)和图 5.10(c)中有

$$\begin{cases} I_1' = \dfrac{R_2}{R_1 + R_2} I_S \\ I_2' = \dfrac{R_1}{R_1 + R_2} I_S \\ I_1'' = I_2'' = \dfrac{U_S}{R_1 + R_2} \end{cases}$$

可得

$$\left. \begin{array}{l} I_1 = I_1' + I_1'' \\ I_2 = I_2' - I_2'' \end{array} \right\} \tag{5.1}$$

式(5.1)表明:支路电流 I_1 是由两个分量合成的,第一个分量是电流源 I_S 单独作用时产生的 I_1',如图 5.10(b)所示;另一个分量是电压源 U_S 单独作用时产生的 I_1'',如图(c)所示。同样,支路电流 I_2 也可看成由 I_2' 和 I_2'' 合成的,由于图(c)中 I_2'' 的参考方向与图(a)中原有电流 I_2 的参考方向相反,故在进行叠加时,有 $I_2 = I_2' - I_2''$。

应用叠加定理时注意以下几点:

① 叠加定理仅适用于线性电路中电压、电流的叠加,在叠加时要注意各电压、电流的参考方向。

② 从数学概念上说,叠加就是线性方程的可加性,因此叠加定理不适用于非线性电路。

③ 电路中的功率不能叠加,因为功率与电压或电流的平方有关,不具有线性关系。

④ 在叠加过程中,不能改变电路的结构。也就是说,对于暂不起作用的电源,其内阻应继续保留在电路内,因为这些内阻对作用着的电源来说仍是它们的负载。

⑤ 让某电源暂不起作用是将它置零。让独立电压源暂不起作用是将它的两端短接,而对于独立电流源是将它的两端开路,切不可混淆。

例5.4 应用叠加定理求图5.11(a)中电阻 R_3 上的电压 U_3 和 R_3 消耗的功率。已知 $R_1 = 3\ \Omega, R_2 = 4\ \Omega, R_3 = 2\ \Omega, U_S = 9\ V, I_S = 6\ A$。

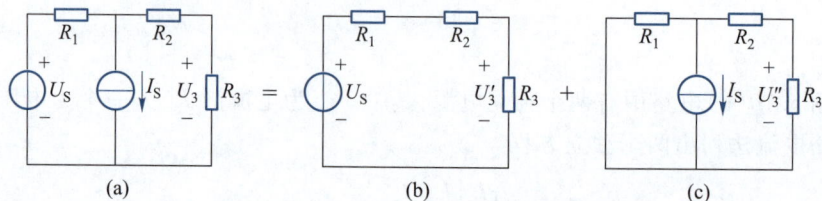

图5.11 例5.4图

解:当电压源 U_S 单独作用时电路如图(b)所示,有

$$U_3' = \frac{U_S R_3}{R_1 + R_2 + R_3} = \frac{9 \times 2}{3 + 4 + 2}\ V = 2\ V$$

当电流源 I_S 单独作用时电路如图(c)所示,有

$$U_3'' = -\frac{R_1}{R_1 + R_2 + R_3} I_S R_3 = -\frac{3}{9} \times 6 \times 2\ V = -4\ V$$

所以
$$U_3 = U_3' + U_3'' = [2 + (-4)]\ V = -2\ V$$

R_3 消耗的功率

$$P = \frac{U_3^2}{R_3} = \frac{4}{2}\ W = 2\ W$$

例5.5 用叠加定理求图5.12所示电路中的电流 I,并检验电路的功率平衡。

解:当10 A电流源单独作用时,根据并联电阻分流公式,有

$$I' = \frac{1}{1+4} \times 10\ A = 2\ A$$

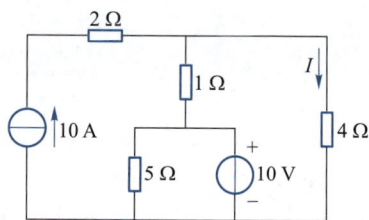

图5.12 例5.5图

当10 V电压源单独作用时,有

$$I'' = \frac{10}{1+4}\ A = 2\ A$$

故
$$I = I' + I'' = (2+2)\ A = 4\ A$$

电流源发出功率
$$P_1 = (2 \times 10 + 4 \times 4) \times 10\ W = 360\ W$$

电压源吸收功率
$$P_2 = 10 \times \left(10 - 4 - \frac{10}{5}\right)\ W = 40\ W$$

2 Ω 电阻吸收功率
$$P_3 = 10^2 \times 2\ W = 200\ W$$

1 Ω 电阻吸收功率
$$P_4 = (10 - 4)^2 \times 1\ W = 36\ W$$

5 Ω 电阻吸收功率 $P_5 = \dfrac{10^2}{5}\ \text{W} = 20\ \text{W}$

4 Ω 电阻吸收功率 $P_4 = 4^2 \times 4\ \text{W} = 64\ \text{W}$

由于电路发出的功率等于吸收的功率之和,电路的功率平衡。

4. 想求哪条支路就只求这条——戴维南定理

有时只需要计算一个电路中某一支路的电压或电流,而不需要求出其他支路的电压或电流。如果用前面已介绍过的方法如支路电流法来求解,势必要在列出全部的电路方程以后,才能解出所需支路上的电压或电流。是否有一种较简便的方法,既能求解所需支路的响应而又不必建立所有方程组来求解? 戴维南定理可以满足这样的要求。

戴维南定理是分析线性电路的一个重要定理,它反映了线性有源二端网络的重要性质,是简化这种电路的一种常用的方法。凡是只具有两个引出端与外电路相连的电路都可称为二端网络,根据其内部是否含有电源,又分为有源二端网络和无源二端网络。

戴维南定理指出:对任一线性有源二端网络,可以用一个电压源 U_0 和电阻 R_0 串联的电源模型来等效代替。其中等效电压源 U_0 的数值和极性与引出端的开路电压相同;等效内阻 R_0 等于有源二端网络中将所有独立电源置零后(电压源短路、电流源开路)得到的无源二端网络的等效电阻。这种电压源 U_0 与电阻 R_0 串联的电路称为戴维南等效电路。

下面以图 5.13 所示电路为例来说明戴维南定理的含义。图(a)实线框内是一个线性有源二端网络,框外 R_L 所在的 AB 支路可广义地视为外电路或负载电路。如果将AB 支路断开或移去,如图(c)所示,则 A、B 两端点间的开路电压就是戴维南等效电路(图(b)虚线框内)的电压源 U_0;再令有源二端网络中的独立电源置零,即电压源用短路线代替,电流源用断路代替,则形成的无源二端网络中 A、B 二端点间的等效电阻就是 R_0,如图(d)所示。

当有源二端网络的戴维南等效电路求得以后,则由该有源二端网络提供的负载电流和其两端电压可由下式求出。

$$\left.\begin{array}{l} I_L = \dfrac{U_0}{R_0 + R_L} \\[2mm] U_L = I_L R_L \end{array}\right\} \qquad (5.2)$$

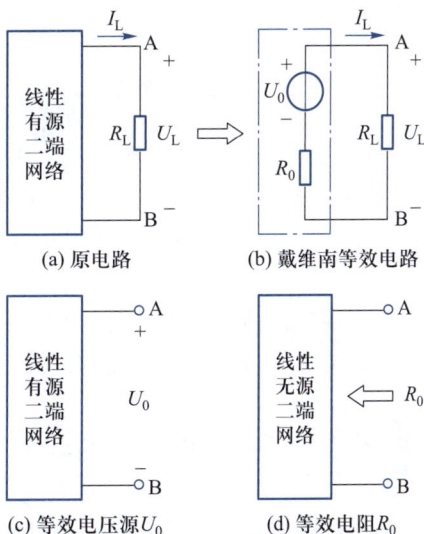

图 5.13　戴维南定理

实际问题 5.1　调整负载电阻为多少时能够获得电路中的最大功率?

解决问题:当负载电阻 R_L 等于等效内阻 R_0 时,R_L 从电路中获得的功率最大,为

$$P_{\max}=\frac{U_0^2}{4R_0} \tag{5.3}$$

例 5.6　求图 5.14(a)所示二端网络的戴维南等效电路。

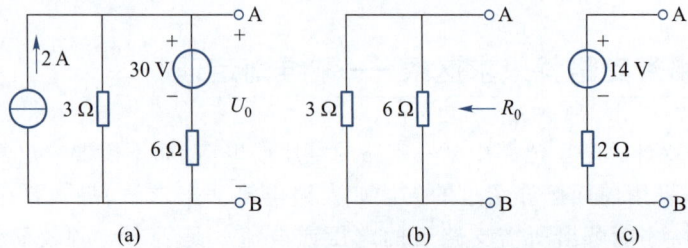

图 5.14　例 5.6 图

解：对于图 5.14(a)所示电路，可采用叠加定理来求其开路电压 U_0。

$$U_0=\left(2\times\frac{3\times6}{3+6}+\frac{30}{3+6}\times3\right)\text{V}=(4+10)\text{V}=14\text{V}$$

将图 5.14(a)电路化为无源二端网络后如图(b)所示，求其等效内阻 R_0。

$$R_0=\frac{3\times6}{3+6}\Omega=2\ \Omega$$

故图 5.14(a)中 A、B 两端的戴维南等效电路如图(c)所示。

例 5.7　在图 5.15 所示电路中，已知 $U_S=12$ V，$R_1=R_4=4\ \Omega$，$R_2=R_3=20\ \Omega$，$R_L=8\ \Omega$。用戴维南定理求电流 I_L。

解：先将 R_L 所在支路移去，可求出开路电压

$$U_0=\frac{U_S}{R_1+R_2}\times R_2-\frac{U_S}{R_3+R_4}\times R_4=8\text{V}$$

将独立电源置零后，求得等效内阻

$$R_0=(R_1/\!/R_2)+(R_3/\!/R_4)$$

$$=\frac{4\times20}{4+20}\times2\ \Omega=\frac{20}{3}\ \Omega$$

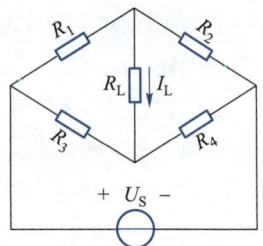

图 5.15　例 5.7 图

故

$$I_L=\frac{U_0}{R_0+R_L}=\frac{8}{\frac{20}{3}+8}\text{A}=\frac{6}{11}\text{A}$$

戴维南定律适用于求解复杂网络中某一条支路的电流或某两点间的电压。这种方法对直流和交流的线性电路都适用。

5. 介绍一种你不熟悉的电源——电流源

在见过很多电源之后，可能习惯性地认为电源都是提供恒定电压的。如图 5.16 所示，汽车里的蓄电池(俗称电瓶)在汽车启动时能提供电力，还可以为车内的音响系统、照明系统等提供电压。这种电源称之为电压源。

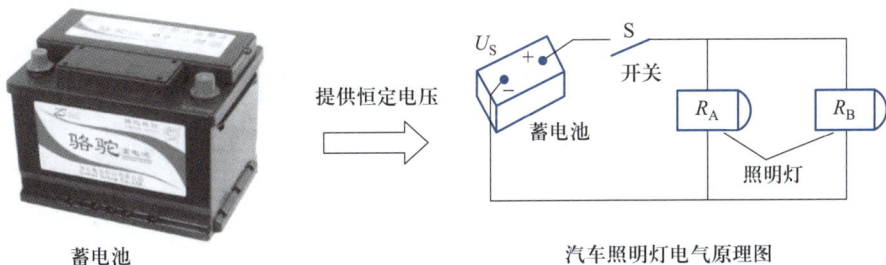

图 5.16　电压源示意图

其实还有一种提供恒定电流的电源,称为电流源。最典型的就是太阳能电池,如图 5.17 所示。太阳能电池是利用光伏效应,通过半导体二极管,将太阳能直接转换为电能的电源设备。它能产生恒定的输出电流。当多个太阳能电池并联起来,就成为有比较大的输出电流和输出功率的太阳能电池方阵了。

太阳能电池是一种清洁能源,应用很广,远到航天领域的太阳能帆板,近到身边的太阳能热水器、太阳能路灯,如图 5.18 所示。

图 5.17　太阳能电池

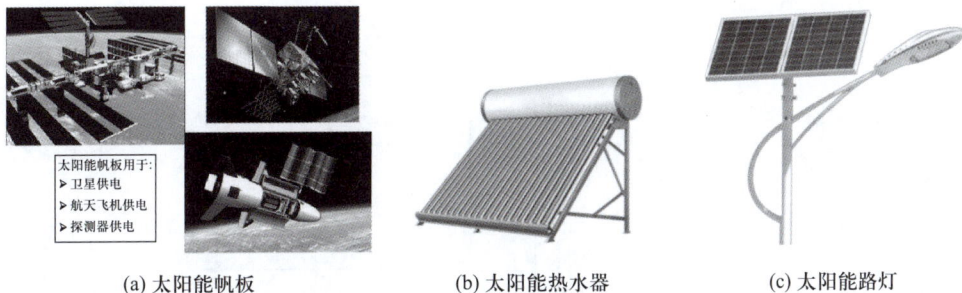

(a) 太阳能帆板　　　　　(b) 太阳能热水器　　　　(c) 太阳能路灯

图 5.18　太阳能的应用

前面介绍了电源分为电压源和电流源,那它们各有什么结构和特性?

(1) 电压源

1) 理想电压源

理想电压源是实际电压源的一种理想化模型。理想电压源两端的电压与通过它的电流无关,其电压总保持为某给定的时间函数。

电压源在电路中的图形符号如图 5.19(a) 所示,其中 u_s 为电压源的电压。如果 u_s 为一恒定值,即 $u_s = U_s$,则把这种电压源称为直流电压源,其图形符号还可用图 5.19 (b) 表示,其中的长线段代表直流电压源的高电位端。直流电压源的伏安特性是一条不通过原点且与电流轴平行的直线,如图 5.20 所示。

理想电压源一般具有以下特性:

(a) 电压源   (b) 直流电压源

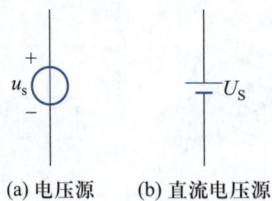

图 5.19   电压源的符号

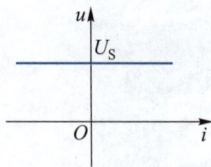

图 5.20   直流电压源的伏安特性

① 电压 $u_s(t)$ 的函数是固定的,不会因它连接的外电路的不同而改变。如果没有接外电路,这时电压源处于开路状态,I 为零,电压源两端的电压此时就称为开路电压。

② 电压源的电流随与之连接的外电路的不同而不同,也就是说电压源的电流随负载的大小而变化。

③ 电压源的内阻为零,一个端电压为零的电压源仅相当于一条短路线。

④ 在功率允许范围内,相同频率的电压源串联时可等效为一个同频率的电压源。

⑤ 一般情况下,电压源是不允许并联的,尤其是当电压 $u_s(t)$ 函数不同时更应注意,因为这时可能会引起电压源之间的短路以致损坏电压源。

2) 实际电压源

严格地说理想电压源并不实际存在,这是因为实际电压源的内部总存在一定的内电阻。一个实际电压源的模型可以用一个理想电压源和一个电阻串联来表示。一个实际的直流电压源在接上外电路后,如图 5.21 所示,则其端电压 U 与电流 I 的伏安特性为

$$U = U_s - R_s I \qquad (5.4)$$

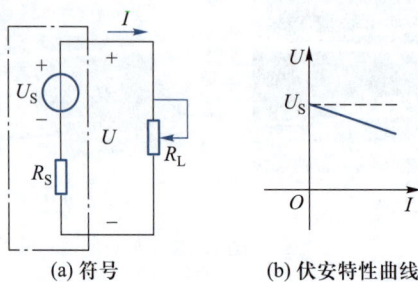

(a) 符号   (b) 伏安特性曲线

图 5.21   电压源模型的符号及伏安特性曲线

可以看出,电压源模型的内阻 R_s 越小,电源端电压 U 的变化就越小;当 $R_s = 0$ 时,电压源变为理想电压源,电压值保持恒值,如图 5.21(b) 中伏安特性曲线的虚线所示。

小 经 验

生活中常遇到电池老化的问题。随着电池使用时间的增加,电池内部的电阻 R_s 变大,所以一接上负载,电压就严重下降,常常导致负载不能正常工作,这时就需要更换电池了。

(2) 电流源

1) 理想电流源

　　理想电流源简称电流源,是实际电源的另一种理想化模型。

　　理想电流源中的电流总保持为某给定的时间函数,而与其两端电压无关。例如,利用太阳能发电的光电池发出的电流大小主要取决于光照的强度和电池的面积,它的输出电流基本保持恒定。

　　电流源的电路图形符号如图 5.22 所示,一般习惯于取 u、i_s 为非关联参考方向。对于直流电流源,$i_s = I_s$,它的伏安特性曲线如图 5.23 所示,是一条平行于 u 轴的直线。

图 5.22　电流源的符号　　图 5.23　直流电流源伏安特性曲线

　　理想电流源一般具有下列特性:

① 输出电流始终保持定值或者是一定的时间函数,与负载的情况无关。

② 电流源两端电压的大小由负载确定。

③ 电流源的内阻为无穷大,因此,输出电流为零的电流源相当于开路。

④ 多个电流源的并联,可以用一个等效的电流源来代替。多个电流源一般是不允许串联的。另外,需要注意的是,电流源的外电路不允许开路,否则端电压 U 将趋于无穷大,这当然也是不允许的。

　　2) 实际电流源

　　实际电流源在向外电路提供电流的同时也存在一定的内部损耗,这种情况可以用一个电流源 i_s 和一个内电阻 R_s 的并联组合来替代。比如说一个实际的直流电流源如图 5.24 所示,这时它对外提供的电流为

$$I = I_s - \frac{U}{R_s} \tag{5.5}$$

　　由式(5.5)可看出,I 已经不是一个常数,它随电压 U 的加大而减小。很显然,电流源模型的内阻 R_s 越大,其分流作用越小。$R_s \to \infty$ 时,电流源成为一个理想电流源,电流 I 就会保持恒值,如图 5.24(b)中伏安特性曲线的虚线所示。

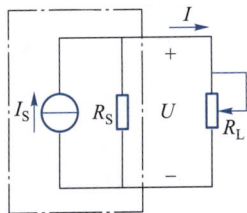

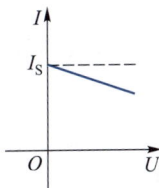

(a) 符号　　　　　(b) 伏安特性曲线

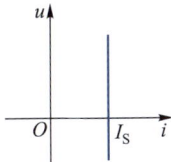

图 5.24　直流电流源模型的符号及伏安特性曲线

　　实际工作中电压源随处可见,而人们对电流源还比较生疏,但是电流源是一种客观存在的电源形式。

6. "魔幻"电源——电压源与电流源的等效变换

已经讨论过实际电源的两种模型,即实际电压源和实际电流源,它们的电路模型分别如图5.25(a)(b)中虚线所示。

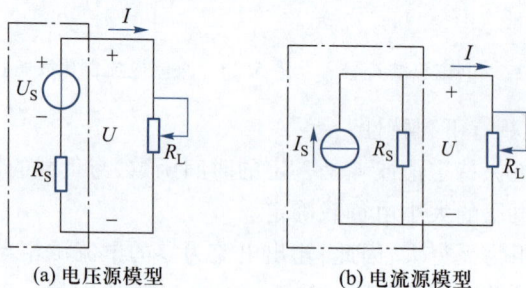

(a)电压源模型　　　(b)电流源模型

图 5.25　实际电源的两种模型

首先来讨论两种电路模型中端电压 U 和电流 I 的关系。

由图5.25(a)可得

$$U = U_s - IR_s$$

由图5.25(b)可得

$$I = I_s - \frac{U}{R_s}$$

即

$$U = I_s R_s - IR_s$$

由此可知,要使两个电源对同一负载输出的电压和电流相等,或者说要使两种电源的伏安特性(外特性)重合在一起,则必须满足条件

$$U_s = I_s R_s \ \text{或} \ I_s = \frac{U_s}{R_s} \tag{5.6}$$

这说明只要按照式(5.6)选择参数,图5.26所示实际电源的两种电路模型就可以互相变换。

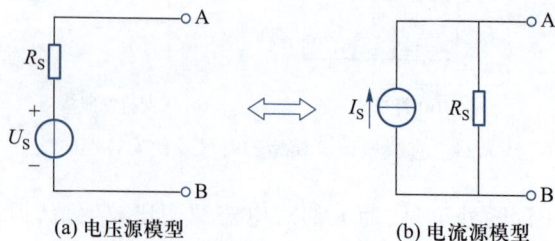

(a)电压源模型　　　(b)电流源模型

图 5.26　电源的等效变换

关于电源的等效变换,有以下几点需强调:

① 电压源和电流源的等效关系是针对外电路而言的,对于电源内部则不等效。因为内部电路的功率消耗情况可能不同。

② 理想电压源($R_S=0$)和理想电流源($R_S \to \infty$)之间不存在等效关系。理想电压源的短路电流 I_S 趋于无穷大;理想电流源的开路电压 U_0 趋于无穷大,都不能得到有限的数值,故不存在等效变换的条件。

③ 在进行电源的等效变换时,一般不限于内阻 R_S。只要是一个电压为 U_S 的理想电压源和某个电阻 R 串联的电路,都可以化成一个电流为 I_S 的理想电流源和这个电阻并联的电路。

④ 在变换过程中,一定要注意变换后的 I_S 与 U_S 的方向应当是一致的,即 I_S 的方向是从 U_S 的"−"极指向"+"极。

例 5.8　用电源等效变换法求图 5.27 所示电路中的电流 I。

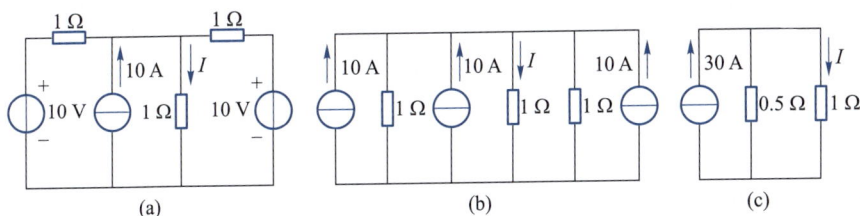

图 5.27　例 5.8 图

解:将电路中两个 10 V、1 Ω 的电压源分别变换为相应的电流源,如图 5.27(b)所示,再进一步化简成图(c)所示电路,故有

$$I = \frac{0.5}{0.5+1} \times 30 \text{ A} = 10 \text{ A}$$

项目小结

对于简单电路,不用基尔霍夫电流、电压定律,只用欧姆定律和串并联化简就能求解。但在电子线路中经常会遇到许多复杂电路,以上方法就不够用了,要想其他办法。在处理复杂电路时有 5 个"大招",各有特点,有时可以互相替代,有时又"非它不可"。学习时一定要抓住每种方法的特点,深入理解,才能让它们在处理复杂电路时带来方便。

微课
项目小结

习题

一、单选题

1. 电路如图 5.28 所示,若 $U_S>0$,$I_S>0$,$R>0$,则(　　　)。

A. 电阻吸收功率,电压源与电流源提供功率

B. 电阻与电压源吸收功率,电流源提供功率

C. 电阻与电流源吸收功率,电压源提供功率

D. 电压源提供功率,电流源提供功率

2. 电路如图 5.29 所示,该电路的功率守恒表现为(　　)。

A. 电阻吸收 1 W 功率,电流源提供 1 W 功率

B. 电阻吸收 1 W 功率,电压源提供 1 W 功率

C. 电阻与电压源共吸收 1 W 功率,电流源提供 1 W 功率

D. 电阻与电流源共吸收 1 W 功率,电压源提供 1 W 功率

3. 当图 5.30 所示电路中的 U_S 增大为原来的 2 倍时,I 应(　　)。

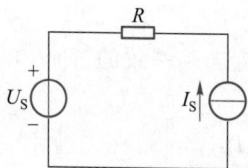 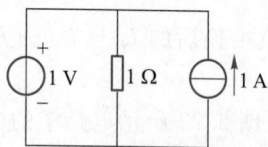 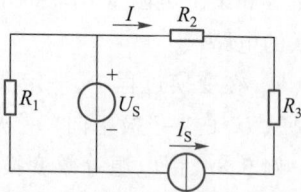

图 5.28　　　　　　　　图 5.29　　　　　　　　图 5.30

A. 增大为 2 倍　　　B. 增大,但非 2 倍　　　C. 减小　　　D. 不变

4. 电路如图 5.31 所示,I_S 为独立电流源,若外电路不变,仅电阻 R 变化,会引起(　　)。

A. 端电压 U 的变化

B. 输出电流 I 的变化

C. 电流源 I_S 两端电压的变化

D. 上述三者同时变化

5. 电路如图 5.32 所示,已知 $U_2 = 2$ V,$I_1 = 1$ A,则 I_S 为(　　)。

A. 5 A　　　　　B. $\dfrac{2}{R+R_1+1}$ A　　　　　C. $\dfrac{2}{R+1}+I_1$　　　D. 6 A

6. 图 5.33 所示电路中端电压 U 为(　　)。

A. 8 V　　　　　B. −2 V　　　　　C. 2 V　　　　　D. −4 V

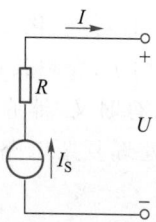 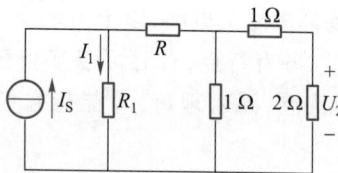 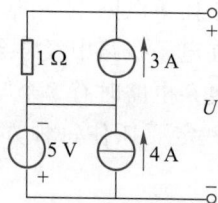

图 5.31　　　　　　　　图 5.32　　　　　　　　图 5.33

7. 图 5.34 所示电路中,用叠加定理求支路电流 I。U_S 单独作用时的电流用 I' 表示,I_S 单独作用时的电流用 I'' 表示,则下列回答中正确的是(　　)。

A. $I' = 2$ A,$I'' = 1$ A,$I = 3$ A

B. $I' = 2$ A,$I'' = -1$ A,$I = 1$ A

C. $I' = 1.5$ A,$I'' = 2$ A,$I = 3.5$ A

D. $I' = 2$ A,$I'' = 1$ A,$I = -0.5$ A

8. 关于理想电压源或理想电流源,下列说法中不正确的是( )。

A. 理想电压源的内阻可以看成零,理想电流源的内阻可以看成无穷大

B. 理想电压源的内阻可以看成无穷大,理想电流源的内阻可以看成零

C. 理想电压源的输出电压是恒定的

D. 理想电流源的输出电流是恒定的

9. 电流源开路时,该电流源内部( )。

A. 有电流,有功率损耗　　　　　B. 无电流,无功率损耗

C. 有电流,无功率损耗　　　　　D. 无电流,有功率损耗

10. 图 5.35 所示电路中,AB 端电压 U 为( )。

A. 15 V　　　B. 4 V　　　C. 5 V　　　D. 14 V

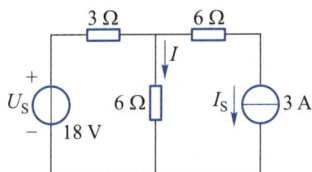

图 5.34

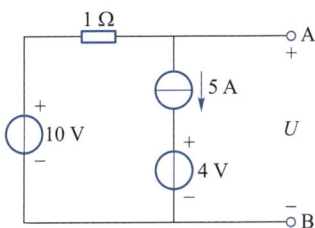

图 5.35

11. 图 5.36 所示电路中,AB 间开路时的端电压 U=( )。

A. 15 V　　　B. 4 V　　　C. 5 V　　　D. 10 V

12. 叠加定理不仅适用于线性电路中的电压,还适用于电路中的( )。

A. 功率　　　B. 电流　　　C. 能量　　　D. 阻抗

13. 图 5.37 所示电路中,AB 两点间电压 U_{AB} 为( )。

A. 9 V　　　B. 12 V　　　C. 20 V　　　D. 17 V

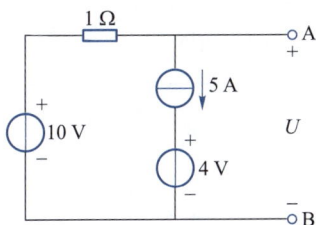

图 5.36

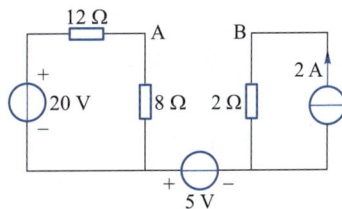

图 5.37

二、计算题

1. 分别用电压源与电流源的转换和支路电流法求图 5.38 所示电路中的电流 I。

2. 电路如图 5.39 所示,求电压 U。

3. 用电源的等效变换法求图 5.40 所示电路中的电流 I 及电压 U。

4. 在图 5.41 电路中,用支路电流法求各支路电流。

5. 在图 5.42 电路中,用支路电流法求各支路电流。

6. 在图 5.43 所示电路中,已知 $R_1 = 10\ \Omega$,$R_2 = 3\ \Omega$,$R_3 = R_4 = 2\ \Omega$,$I_S = 3\ A$,$U_1 = 6\ V$,$U_2 = 10\ V$。用节点电压法求支路电流 I_1、I_2、I_3 及电流源的端电压 U_S。

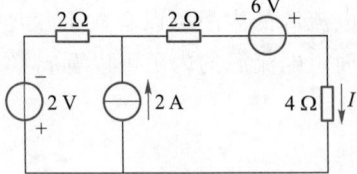

图 5.38

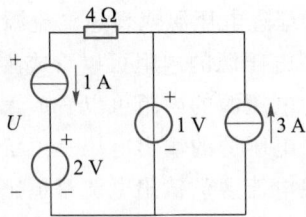

图 5.39

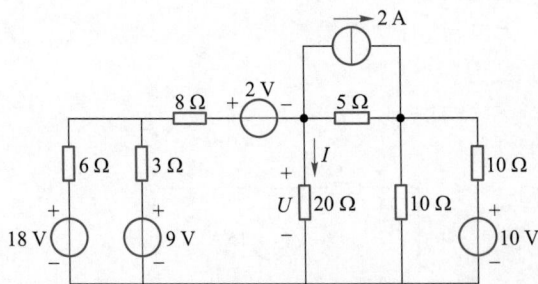

图 5.40

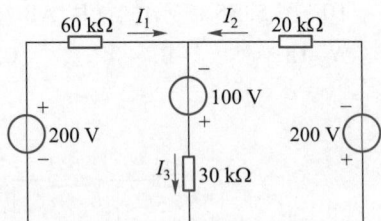

图 5.41

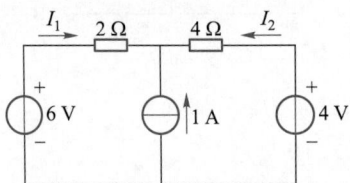

图 5.42

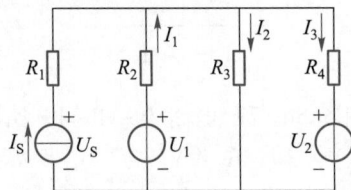

图 5.43

7. 用节点电压法求图 5.44 所示电路中的电流 I。

8. 在图 5.45 所示电路中，若 $R_1 = 2\ \Omega$，$R_2 = 3\ \Omega$，$I_S = 5\ A$，$U_S = 10\ V$，求：（1）电流 I_1；（2）当 U_S 改为 15 V 时的 I_1。

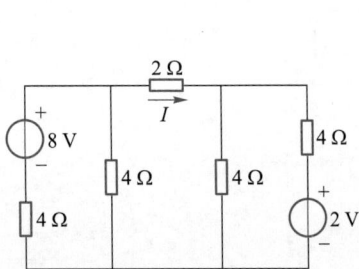

图 5.44

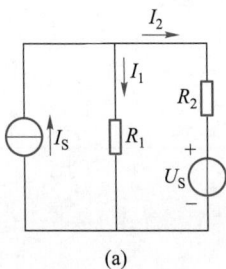

(a)

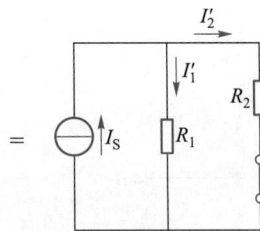

(b)

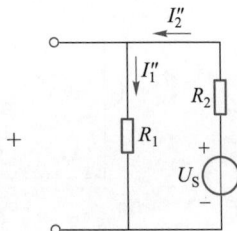

(c)

图 5.45

9. 电路如图 5.46 所示，已知 $U_S = 12\ V$，$R_1 = R_2 = R_3 = R_4$，$U_{AB} = 10\ V$。若将理想电压源除去（短接），求这时的 U_{AB}。

10. 在图 5.47 电路中：（1）当将开关 K 合在 A 点时，求电流 I_1、I_2、I_3；（2）当将开关 K 合在 B 点时，利用（1）的结果，用叠加定理求 I_1、I_2、I_3。

11. 用叠加定理求图 5.48 所示电路中的电流 I。

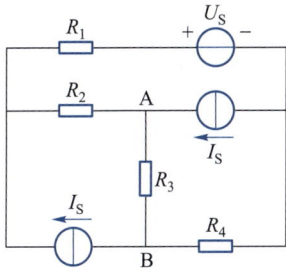

图 5.46

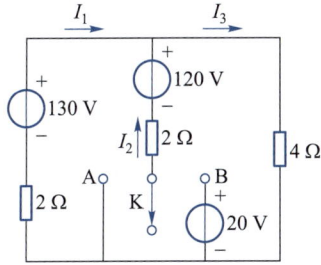

图 5.47

12. 若图 5.49(a)的等效电路如图(b)所示,求 U_s 和 R_s。

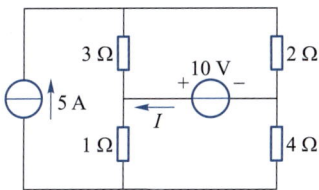

图 5.48

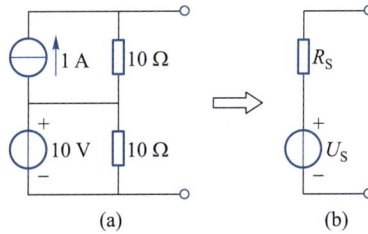

图 5.49

13. 求图 5.50 电路 AB 端口的等效电路。

14. 应用戴维南定理求图 5.51 所示电路中的电流 I。

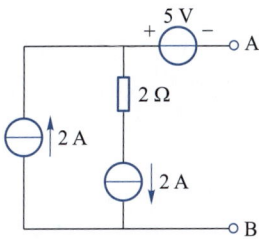

图 5.50

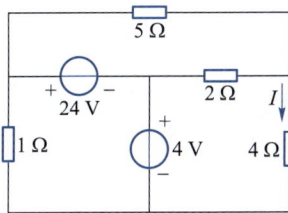

图 5.51

项目6

荧光灯电路

做什么

微课
项目引入

在工农业生产和日常生活中用到的电一般都是正弦交流电。这是因为,从电源端来看,交流电容易产生,并能用变压器改变电压,便于输送和使用;从负载端来看,常用的交流电动机结构简单,工作可靠,经济性好。

照明电路是最常见的电路之一。图 6.1 所示为一盏普通的白炽灯的照明电路,它的额定电压为 220 V,可以看成一个纯电阻元件。民用电是单相交流电,所以用一个开关来控制白炽灯的亮灭,这个开关可以是普通开关,也可以是触摸开关、人体感应开关等。

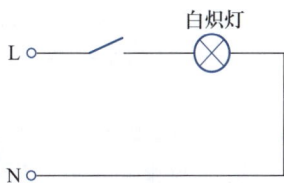

图 6.1　白炽灯电路

照明中也普遍使用荧光灯。图 6.2 所示为荧光灯的电路图和实际接线图。从图中可以看到,除了灯管外,还有两个附件:镇流器和辉光启动器。镇流器串联在电路中,它有两个作用:通电时帮助灯管启动;灯管正常发光时起稳定电流的作用。辉光启动器并联在灯管两端,它的作用是帮助灯管启动。所以灯亮后拔掉辉光启动器,灯管能继续发光。

荧光灯是怎样点亮的? 当开关闭合时,电源接通,此时灯管未发光。电源电压 220V 全部加在辉光启动器上。辉光启动器有动、静两个触片,在电压的作用下动、静触片会短暂地接触,使电路接通,灯管灯丝中有电流通过。然后辉光启动器动、静触片断开,整个电路电流突然中断。旁边与之串联的镇流器是一个大电感,电流的突然中断会在镇流器上产生很高的感应电动势,这个电动势与电源电压串联后,全部加在灯管两端,使灯管内水银蒸气产生弧光放电,这时紫外线激发了荧光粉,就会发出近似日光的可见光。

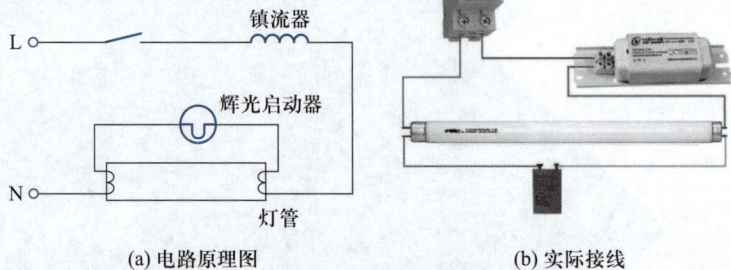

图 6.2   荧光灯电路

可以画出荧光灯等效电路,如图 6.3 所示。暂且把灯管看作纯电阻,由于镇流器的电阻很小,可以忽略,所以把镇流器看作纯电感负载。这样荧光灯电路就可以看作一个电阻与电感串联的电路了。后面将会讨论到由于镇流器是电感性负载,使整个荧光灯电路的功率因数降低。这个功率因数又是什么概念?它可以反映用电质量,低功率因数会使用电质量变差,使电能利用率变低。为了提高用电质量,应采取什么措施?应在荧光灯电源两端并联一个大电容,用电容对电感进行补偿,如图 6.4 所示。

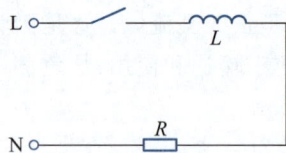

图 6.3   荧光灯等效电路

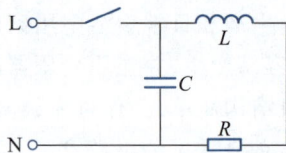

图 6.4   经过补偿的荧光灯电路

学习交流电路时必须注意以下两点:

① 交流电路参数除电阻外,电感、电容的元件特征与作用将是讨论的重点。

② 在直流电路中学到的基尔霍夫电压定律和电流定律,以及各种复杂电路分析方法,都可以扩展到交流电路。但使用时一定要用交流电自身的特殊表达形式——相量表示法。

来仿真

1. 元器件清单

通过仿真来看看荧光灯电路的特征。仿真电阻与电感串联电路(简称 *RL* 串联电路)仿真元器件清单见表 6.1。

表 6.1　*RL* 串联电路仿真元器件清单

名称	型号、参数	数量	Proteus 软件中对应元器件名
按键	自锁按键	1	BUTTON
电阻	100 Ω	1	RES
电感	470 mH	1	INDUCTOR

2.　仿真制作

从 Proteus 软件的元器件库中选取表 6.1 中的元器件,按照图 6.5 所示电路在 Proteus 软件中放置元器件,设置参数,连线。添加正弦信号,并赋予幅值 311 V(其有效值是 220 V),频率 50 Hz。在软件窗口左侧仪器仪表菜单里选取交流电压表 ACVOLTMETER,用两个交流电压表分别并联于电阻与电感两端。最后运行电路对 *RL* 电路进行仿真制作,观察项目的仿真演示效果。按下按键,交流电压表测得电阻两端电压 U_R 为 122 V,电感两端电压 U_L 为 181 V。这里测得的是交流电压的有效值。

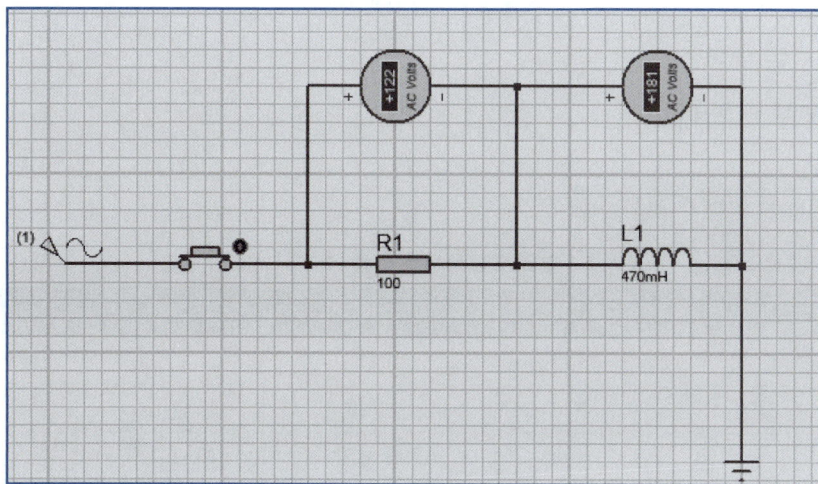

微课
仿真制作

图 6.5　*RL* 电路仿真电路

3.　仿真现象引起的思考

图 6.5 中电阻与电感串联,加到 220 V 交流电源上。然而,电阻和电感上的电压之和是 303 V,远远大于总电压 220 V。电路端电压不等于各分电压之和,即 $U \neq U_R + U_L$,且 $U < U_R + U_L$。显然,直流电路分析与计算的方法并不能完全照搬到交流电路。之所以会出现上述现象,是因为电路中出现了电感性与电容性负载。那么在由电阻、电感、电容组成的交流电路中,怎么分析电路特性和计算电路参数?

动手做

1. 搭建电路

按照图 6.2 连接荧光灯电路。从灯管和镇流器中间引出一条线,以便测量灯管两端和镇流器两端的电压。把万用表调到交流电压挡,测得电源电压是 225.3 V,如图 6.6 所示。灯管两端电压为 70 V,镇流器两端电压为 190 V。

图 6.6　荧光灯电路接线

2. 准备元器件

电路搭建所需元器件见表 6.2。

表 6.2　电路搭建所需元器件

名称	参数	数量	名称	参数	数量
荧光灯管		1	导线		若干
镇流器		1	端子排		1
辉光启动器		1	采样电阻	10 Ω、2 W	1
荧光灯架		1	万用表		1

3. 现象分析

实际测量到的灯管两端电压与整流器两端电压之和也同样不等于电源总电压,即 $U \neq U_R + U_L$,且 $U < U_R + U_L$。看来,这是因为电阻和电感在交流电路中体现不同的特性。

学知识

1.　正弦交流电概述

在前面已讨论了直流电路的分析,在直流电路中电压或电流的大小和方向都是不随时间而变化的;但在交流电路中,电压或电流的大小和方向都在随时间而变化,其变化规律多种多样。应用得最普遍的是按正弦规律变化的交流电。

正弦交流电在现代工农业生产及其他各方面都有着极为广泛的应用。例如,在电动机,电热、冶金、电信、照明等许多方面都应用正弦交流电,此外在许多需要用直流电的场合,如地下铁道、矿山电力牵引、城市电车、电镀以及电子技术等,多是由正弦交流电经过整流后得到直流电。

正弦交流电本身存在着一些独有的优良特性,这是因为在所有作周期性变化的函数中正弦函数为简谐函数,同频率的正弦量通过加、减、积分、微分等运算后,其结果仍为同一频率的正弦函数,这样就使得电路的计算变得简单。

正弦交流电通常可分为单相和三相两种。单相电路中的一些基本概念、基本规律和基本分析方法同样适用于三相电路。另外,在直流电路中所学的欧姆定律、基尔霍夫定律,还有由它们推导出来的复杂电路的分析方法都可以扩展到正弦交流电路中。只不过要注意,在交流电路中由于电压、电流等均为随时间变化的物理量,必须采用相量法(复数)来描述正弦变量,在分析时应加以注意。

由于正弦交流电压或电流的大小和方向都在随时间作正弦规律变化,它的实际方向经常都在变动,如不规定电压、电流的参考方向就很难用一个表达式来确切地表达出任何时刻电压、电流的大小及其实际方向,所以说仍存在着选定参考方向的问题。参考方向的

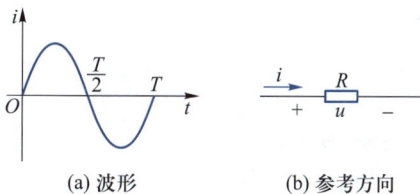

(a) 波形　　　　(b) 参考方向

图 6.7　正弦电流的波形及参考方向

规定和前述一样,电流的参考方向可用箭标或双下标表示,电压的参考方向还可用"+""−"极性来表示。例如在图 6.7 中,图(a)为一个正弦电流的波形图,图(b)为假定电压、电流的参考方向。

当正弦电压或电流的瞬时值 u 或 i 大于零时,正弦波形处于正半周,否则就处于负半周。u 或 i 的参考方向即代表正半周时的方向。在正半周,由于 u、i 的值为正,所以参考方向与实际方向相同;在负半周,由于其值为负,所以参考方向与实际方向相反。

2.　正弦交流电的基本参数

正弦交流电压、电流统称为正弦量。正弦量的特征表现在变化的大小(幅值)、快慢(频率)和初相位三个方面,所以幅值、频率和初相位是确定正弦交流电的三个要素。

(1) 正弦量的瞬时值、幅值和有效值

电路在正弦交流电源的作用下将出现正弦电压和电流。

$$u = U_m \sin(\omega t + \psi_u) \tag{6.1}$$

$$i = I_m \sin(\omega t + \psi_i) \tag{6.2}$$

u 和 i 的波形如图6.8(a)所示。

正弦电压或电流在每一个瞬时的数值称为瞬时值,用小写字母 u 或 i 表示。瞬时值中的最大值称为幅值,它用有下标 m 的大写字母 U_m 或 I_m 表示。

在正弦交流电的计算和分析中,计算每一瞬间的电压和电流的大小没有多大实际意义,为此引入一个表示正弦电压或电流大小的特定值,即有效值。正弦电流的有效值就是根据正弦电流与直流电流的热效应相等来规定的。在图6.8(b)所示两个等值电阻里分别通以正弦电流 $i = I_m \sin \omega t$ 和直流电流 I,如果在相同的时间内(如一个周期 T)两者所产生的热量相等,那么就把该直流电流 I 的数值定义为该正弦流 i 的有效值。

根据上述定义,可根据微积分等相关知识推得 $I_m = \sqrt{2} I$。

即电流有效值与幅值的关系为

$$I = \frac{I_m}{\sqrt{2}} \tag{6.3}$$

同理可得正弦电压的有效值为

$$U = \frac{U_m}{\sqrt{2}} \tag{6.4}$$

一般所说的正弦电压或电流的大小都是指它们的有效值。各种交流电压表和交流电流表的读数值也是指有效值。例如,常说的民用电220 V,即为有效值。

实际问题6.1　图6.9所示为冰箱的铭牌,额定电压220 V就是指交流电压的有效值。

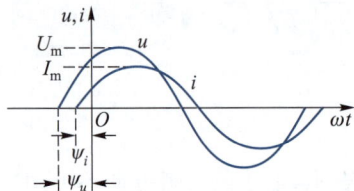

(a) u和i的波形

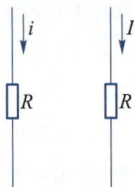

(b) i的有效值

图6.8　正弦电压和电流

BG-65B　电冰箱

额定电压　220 V
工作频率　50 Hz
额定功率　60 W

耗 电 量
0.40 kW·h/24 h

图6.9　某冰箱铭牌

这台冰箱允许通过的额定电流是多少?

解决问题: 可以通过电压和功率来计算电流的有效值。

$$I = \frac{P}{U} = \frac{60}{220} \text{ A} = 0.27 \text{ A}$$

所以一般所说的正弦电压或电流的大小都是指它们的有效值。

从铭牌上还发现另一个重要参数"工作频率",频率是确定正弦交流电的第二个重要参数。

(2) 正弦量的频率与周期

正弦量完成一个循环变化所需时间称为周期 T,单位为秒(s)。1 s内的周期数称

为频率 f,其单位为赫兹(Hz),简称赫,即周/秒。可见,频率和周期互为倒数,即

$$f = \frac{1}{T} \tag{6.5}$$

正弦量的变化快慢还可以用角频率 ω 来表示。对同一正弦波,横轴既可用时间 t,又可用电角度 ωt 来表示,如图 6.10 所示。

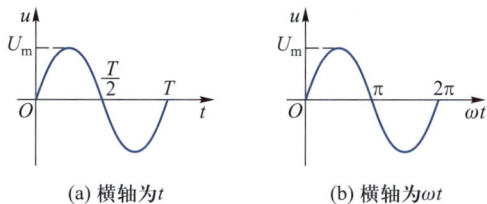

(a) 横轴为 t　　　　(b) 横轴为 ωt

图 6.10　正弦电压波形

可见 ω 具有角速度的量纲,当 $t = T$ 时,$\omega T = 2\pi$,故

$$\omega = \frac{2\pi}{T} = 2\pi f \tag{6.6}$$

式(6.6)表明,角速度(或角频率)ω 表示在单位时间内正弦量所经历过的电角度,其单位为弧度/秒,用 rad/s 表示。

由此可见,f、T、ω 都是用来描述正弦量变化快慢的物理量,三者是相互关联的,只要已知其中之一,就可得知另外两个。

例 6.1　工频交流电的周期和角频率各为多少?

解:因为 $f = 50$ Hz,故有

$$T = \frac{1}{f} = \frac{1}{50} \text{ s} = 0.02 \text{ s}$$

$$\omega = \frac{2\pi}{T} = 2\pi f = 2\pi \times 50 \text{ rad/s} = 314 \text{ rad/s}$$

（3）正弦量的初相和相位差

要完整地确定一个正弦量,除了知道其幅值和频率外,还须知道正弦量的初相。对于正弦电流 $i = I_m \sin(\omega t + \psi)$,其电角度 $(\omega t + \psi)$ 称为正弦量的相位角;$t = 0$(计时起点)时的相位角 ψ 称为初相角,简称初相。图 6.11 所示为不同初相时的正弦电流波形。

初相角的单位可以用弧度或度来表示,初相角 ψ 的大小与计时起点的选择有关。另外,初相角通常在 $|\psi| \leqslant \pi$ 的范围内取值。

在正弦交流电路的分析中,有时要比较同频率的正弦量之间的相位差。例如,在

一个电路中，某元件端电压 u 和流过的电流 i 频率相同，设

$$u = U_m \sin(\omega t + \psi_u)$$

$$i = I_m \sin(\omega t + \psi_i)$$

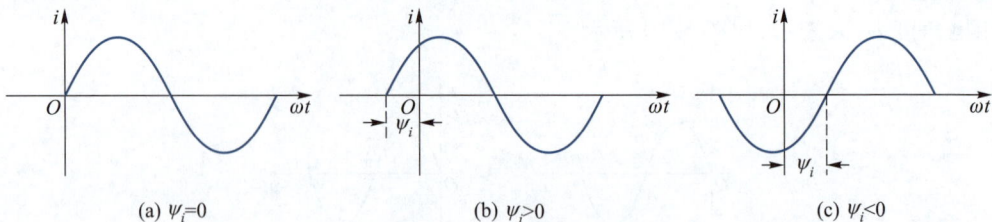

(a) $\psi_i = 0$ (b) $\psi_i > 0$ (c) $\psi_i < 0$

图 6.11   不同初相时的正弦电流波形

它们的初相分别为 ψ_u 和 ψ_i，则它们之间的相位差（用 φ 表示）为

$$\varphi = (\omega t + \psi_u) - (\omega t + \psi_i) = \psi_u - \psi_i \qquad (6.7)$$

即两个同频率的正弦量之间的相位差就是其初相之差。相位差 φ 不随时间而变化。

当 $\varphi = \psi_u - \psi_i > 0$ 时，这时 u 总是比 i 先经过零值或正的最大值，这说明在相位上 u 超前 i 一个 φ 角，或者说 i 滞后于 u 一个 φ 角，如图 6.12(a) 所示。

当 $\varphi = \psi_u - \psi_i = 0$ 时，这说明 u 和 i 的初相相同，或者说 u 和 i 同相，如图 6.12(b) 所示。

当 $\varphi = \psi_u - \psi_i = 180°$ 时，这时说 u 和 i 相位相反，或者说 u 和 i 反相，如图 6.12(c) 所示。

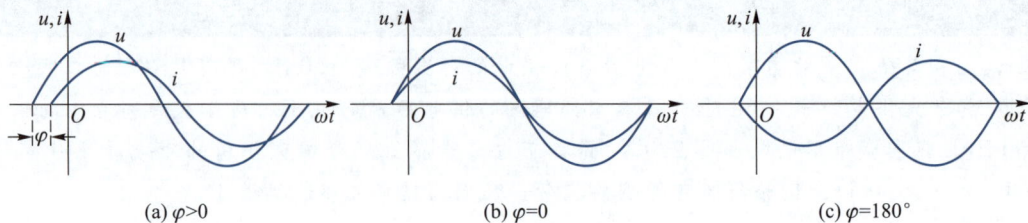

(a) $\varphi > 0$ (b) $\varphi = 0$ (c) $\varphi = 180°$

图 6.12   正弦电压和电流的相位差

例 6.2   某正弦电流完成一周变化需时间 1 ms，求该电流的频率和角频率。

解：

$$f = \frac{1}{T} = \frac{1}{1 \times 10^{-3}} = 1\,000 \text{ Hz}$$

$$\omega = 2\pi f = 2\,000\pi = 6\,280 \text{ rad/s}$$

例 6.3   已知正弦电压 $u = 100 \sin(628t - 30°)$ V，求该正弦电压的幅值 U_m、有效值 U、角频率 ω、周期 T、初相角 ψ。

解：

$$U_m = 100 \text{ V}, U = \frac{U_m}{\sqrt{2}} = 70.7 \text{ V}$$

$$\omega = 628 \text{ rad/s}, T = \frac{2\pi}{\omega} = 0.01 \text{ s}, \psi = -30°$$

例 6.4   若正弦电压 $u_1 = U_{1m} \sin t$ V，$u_2 = U_{2m} \sin(2t - 30°)$ V，则以下说法哪一个正确？
A. u_2 相位滞后 u_1 角 30°   B. u_2 相位超前 u_1 角 30°

C. u_2、u_1 同相 　　　　　　　　 D. 以上三种说法都不正确

解：D。因为它们的频率不同，不能进行相位比较。

3. 正弦量的相量表示法

一个正弦量通常有两种表示法，第一种是三角函数解析式，如 $i = I_m \sin(\omega t + \psi)$，这是正弦量的最基本表示法；另一种是用波形图来表示。这两种方法均能正确无误地表达出正弦量的三要素。但是，在正弦交流电路的分析和计算中，有时使用上述两种方法会显得相当烦琐，其结果还容易出错，因此在实际计算中往往采用相量表示法。通过相量的运算可使电路的分析和计算变得十分简便。

先看下面这个例子。图 6.13(a) 所示电路中，两个并联支路的交流电流分别为 i_1 和 i_2。

$$i_1 = 5\sqrt{2}\sin 1\,000t \text{ A} \qquad i_2 = 5\sqrt{2}\sin(1\,000t + 90°) \text{ A}$$

两个支路用交流电流表测量出的电流都是 5 A，那么用交流电流表测量出的总电流是多大？用对直流电路的思考方式，有可能会不假思索地认为是 10 A。在交流电路中，这个答案是错误的，实际上电流表的读数是 7.07 A。可以形象地在波形图中用描点法画出总电流 $i = i_1 + i_2$。从 i 的波形图中看到：i 的幅值不是 i_1 和 i_2 的幅值之和，而是小于 i_1 和 i_2 的幅值之和；i 的初相角既不同于 i_1，也不同于 i_2，而是在 i_1 和 i_2 的初相角之间。这是为什么？

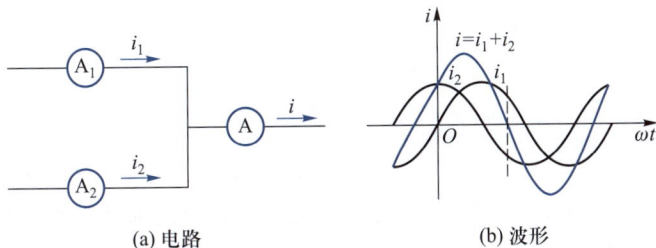

图 6.13　两并联支路电流相加

原因是 i_1 与 i_2 不同相。试想一下，如果 i_1 与 i_2 同相，如图 6.14 所示，两个波形叠加得到的 i 的幅值当然是 i_1 与 i_2 的幅值之和。i_1 与 i_2 的初相角相距越远，合成的总电流就越小。

这样就引入了相量表示法。相量就是用复数来表示正弦量。对照瞬时值电流可以得到 i_1 的相量表示式

$$i_1 = 5\sqrt{2}\sin 1\,000t \text{ A} \Longrightarrow \dot{I}_1 = 5\ \underline{/\ 0°}\ \text{A}$$

$\dot{I}_1$ 就是正弦量 i_1 的相量表示。式中 5 A 代表的是 i_1 电流的有效值，0° 是电流 i_1 的初相位。同理得到瞬时值电流 i_2 的相量表示式

$$i_2 = 5\sqrt{2}\sin(1\,000t + 90°) \text{ A} \Longrightarrow \dot{I}_2 = 5\ \underline{/\ 90°}\ \text{A}$$

式中，5 A 代表 i_2 电流的有效值；90° 是电流 i_2 的初相位。

除了相量式外，还有一种相量的表示方法是用相量图。根据相量式可以得到相量

图，如图6.15所示。

$$\dot{I}_1 = 5 \underline{/0°} \text{ A} \qquad \dot{I}_2 = 5 \underline{/90°} \text{ A}$$

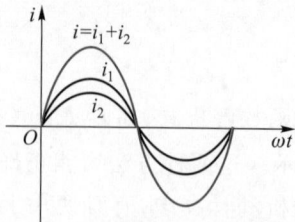

图6.14　两同相支路电流相加

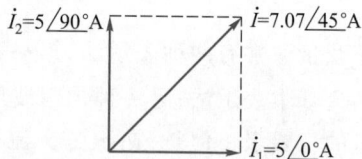

图6.15　相量图

根据平行四边形法则，很容易得到

$$\dot{I} = \dot{I}_1 + \dot{I}_2 = 5\sqrt{2} \underline{/45°} \text{ A} = 7.07 \underline{/45°} \text{ A}$$

所以，并联电路总线上电流表的读数不是10 A，而是7.07 A。

交流电路中的电压、电流相加时也是上面的道理。因为初始相位不同，也不能用有效值直接相加。例如，图6.13中不同初相的同频率正弦量相加要考虑用相量叠加。思考一下，下面的表达式中哪个对，哪个错？

$$i = i_1 + i_2 \tag{6.8}$$

$$I = I_1 + I_2 \tag{6.9}$$

$$\dot{I} = \dot{I}_1 + \dot{I}_2 \tag{6.10}$$

式（6.8）和式（6.10）是对的，式（6.9）是错的。相量表示法解决了交流电路中的运算问题，相量式中有两种常用的表示方法，一种就是刚才介绍的极坐标式：

$$\dot{I} = I \underline{/\varphi}$$

另一种是代数式：

$$\dot{I} = I\cos\varphi + jI\sin\varphi$$

代数式是由实部和虚部两部分构成的。代数式适合做加减运算，如求图6.16(a)所示并联电路中的总电流。

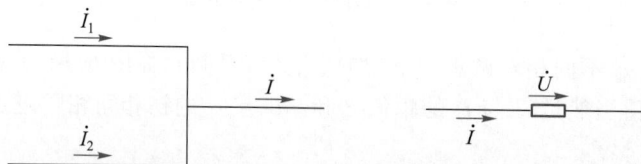

(a) 并联电路合成总电流　　　　(b) 器件对电流的阻碍大小

图6.16　并联电路求解

$$\dot{I}_1 = (2 + 3j) \text{ A}$$

$$\dot{I}_2 = (3 + j) \text{ A}$$

$$\dot{I} = \dot{I}_1 + \dot{I}_2 = (5 + 4j) \text{ A}$$

极坐标式适合做乘除运算。

如图6.16(b)所示，已知 $\dot{U} = 10 \underline{/60°} \text{ V}$，$\dot{I} = 2 \underline{/45°} \text{ A}$，该器件对电流的阻碍作用为

$$\frac{\dot{U}}{\dot{I}} = \frac{10\ \underline{/60^\circ}\ \text{V}}{2\ \underline{/45^\circ}\ \text{A}} = 5\ \underline{/15^\circ}\ \Omega$$

学习正弦交流电的相量表示法时一定要注意以下几个问题：

① 交流电路中的电压、电流的计算涉及相位的不同,适合采用相量运算。

② 相量是表示正弦量的复数。也就是说只有正弦周期量才能用相量表示,不是所有的复数都能称作相量(比如后面谈到的阻抗 Z 是一个复数,但不是相量)。

为了与一般的复数相区别,把表示正弦量的复数称为相量,并在大写字母上打"·"符号以示区别。例如,正弦电压 $u = U_{\text{m}}\sin(\omega t + \psi)$,则表示它的相量为

$$\dot{U}_{\text{m}} = U_{\text{m}}(\cos\psi + \text{j}\sin\psi) = U_{\text{m}}\ \underline{/\psi}$$

$$\dot{U} = U(\cos\psi + \text{j}\sin\psi) = U\ \underline{/\psi}$$

今后在电路的分析中,若无特殊说明,用的一般是指有效值相量形式。

③ 只有同频率的正弦量才能画在同一相量图上,否则无法比较和计算。

④ 复数的加减运算常用代数形式,而乘除运算则常用极坐标式。

例 6.5 某正弦电压 $u = 20\sqrt{2}\sin(\omega t + 30^\circ)\ \text{V}$,求其相量表达式。

解: 其相量为

$$\dot{U} = 20(\cos 30^\circ + \text{j}\sin 30^\circ)\ \text{V} = 20\ \underline{/30^\circ}\ \text{V}$$

例 6.6 已知下列复数的代数形式,求它们的极坐标形式。

(1) j；　　(2) –j；　　(3) 3–j4。

解: (1) $\text{j} = \cos 90^\circ + \text{j}\sin 90^\circ = 1\ \underline{/90^\circ}$

(2) $-\text{j} = 1\ \underline{/-90^\circ}$

(3) $3-\text{j}4 = \sqrt{3^2+4^2}\ \underline{/-\arctan\dfrac{4}{3}} = 5\ \underline{/-53.1^\circ}$

小　经　验

j 的物理意义

根据欧拉公式

$$\text{e}^{\text{j}\psi} = \cos\psi + \text{j}\sin\psi$$

当 $\psi = \pm 90^\circ$ 时,则

$$\text{e}^{\pm\text{j}90^\circ} = \cos 90^\circ \pm \text{j}\sin 90^\circ = \pm\text{j} \qquad (6.11)$$

可见,任意一个相量乘以+j后即逆时针(向前)旋转了90°;乘以–j后即顺时针(向后)旋转90°,所以 j 就称为一个旋转90°的因子。

例 6.7 求下列相量对应的正弦量。

(1) $\dot{U}_1 = 50\ \underline{/30^\circ}\ \text{V}$ ；(2) $\dot{U}_2 = 100\ \underline{/-90^\circ}\ \text{V}$

解: (1) $u_1 = 50\sqrt{2}\sin(\omega t + 30^\circ)\ \text{V}$

(2) $u_2 = 100\sqrt{2}\sin(\omega t - 90^\circ)\ \text{V}$

小 经 验

基尔霍夫定律的相量形式如下。

1. KCL 的相量形式

$$\sum_{k=1}^{n} i_k = 0$$

在这里,i_k 可以是时间的任意函数,例如对于正弦交流电路,这些电流都是同频率的正弦量,仅是幅值和初相位不同而已。如改用电流的有效值相量则有

$$\sum_{k=1}^{n} \dot{I}_k = 0 \qquad (6.12)$$

这就是 KCL 的相量形式。

2. KVL 的相量形式

根据对 KCL 的分析,同理可知,在正弦交流电路中,沿任一回路的 KVL 相量形式为

$$\sum_{k=1}^{n} \dot{U}_k = 0 \qquad (6.13)$$

可以看出:在形式上,它们和直流电路的 KCL、KVL 表达式是一样的,只要将正弦交流电路中的电压和电流改用相量表示就可以了。

例 6.8 已知 $i_1 = 15\sqrt{2}\sin(\omega t + 45°)$ A,$i_2 = 10\sqrt{2}\sin(\omega t - 30°)$ A。求 $i = i_1 + i_2$ 的表达式,并画出相量图。

解:先转换成相量的形式进行运算。i_1、i_2 的相量分别为

$$\dot{I}_1 = 15\ \underline{/45°}\ \text{A} = 15(\cos 45° + \text{j}\sin 45°)\ \text{A} = 15(0.707 + \text{j}0.707)\ \text{A} = (10.61 + \text{j}10.61)\ \text{A}$$

$$\dot{I}_2 = 10\ \underline{/-30°}\ \text{A} = 10[\cos(-30°) - \text{j}\sin 30°]\ \text{A} = 10(0.866 - \text{j}0.5)\ \text{A}$$
$$= (8.66 - \text{j}5)\ \text{A}$$

总电流相量为

$$\dot{I} = \dot{I}_1 + \dot{I}_2 = [(10.61 + \text{j}10.61) + (8.66 - \text{j}5)]\ \text{A}$$
$$= (19.27 + \text{j}5.61)\ \text{A} = 20.07\ \underline{/16.23°}\ \text{A}$$

最后将总电流的相量形式变换成正弦函数表达式

$$i = 20.07\sqrt{2}\sin(\omega t + 16.23°)\ \text{A}$$

相量图如图 6.17 所示。

例 6.9 在图 6.18 所示电路中,已知各元件上的电压分别为 $\dot{U}_1 = 5\ \underline{/30°}$ V、$\dot{U}_2 = 4\angle 60°$ V、$\dot{U}_3 = 2\angle 45°$ V,电源频率为 50 Hz,求总电压 u 的表达式。

解:取顺时针方向为回路绕行方向,列写 KVL 的相量形式,有

$$\dot{U} = \dot{U}_1 + \dot{U}_2 - \dot{U}_3 = (5\ \underline{/30°}\ + 4\ \underline{/60°}\ - 2\ \underline{/45°}\ )\ \text{V}$$
$$= (4.92 + \text{j}4.55)\ \text{V}$$
$$= 6.7\ \underline{/42.76°}\ \text{V}$$

故
$$u = 6.7\sqrt{2}\sin(314t + 42.76°)\ \text{V}$$

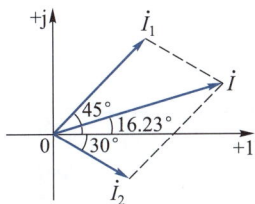

图 6.17　例 6.8 解图

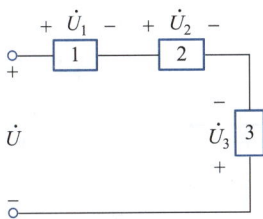

图 6.18　例 6.9 电路

4.　神奇的储能元件

（1）初识电容器

电子器件成千上万，基本元件却不多，如电阻器、电容器、电感器、二极管、三极管等，它们都各具功能及特色。下面介绍电容器。

电容器简称电容，是电子电路中大量使用的一种元件。在电路中用字母 C 表示。

常用的电容器有纸介电容器、瓷介电容器、电解电容器、云母电容器、薄膜电容器、贴片电容器等，如图 6.19 所示。

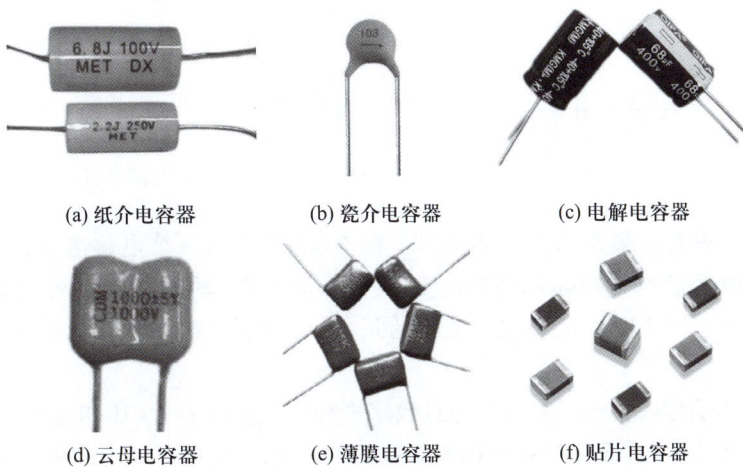

(a) 纸介电容器　　　　(b) 瓷介电容器　　　　(c) 电解电容器

(d) 云母电容器　　　　(e) 薄膜电容器　　　　(f) 贴片电容器

图 6.19　常用的电容器

其实电容的工作原理很简单，电容的特点就是储能，比如家里的自来水管，供水端经过长途跋涉，水量免不了会时大时小。若是直接供给用户使用，就会感觉到出水不稳定。而通常自来水公司每隔一段距离就会建一座水塔。水塔的作用是储水，能将水稳定地送到每家每户。电子学里的电容就像水塔，作用是储能，可将不稳定的电能变成稳定的电能后传送给电路，如图 6.20 所示。

电容的图形符号如图 6.21 所示。图 6.22 中，如果设电容器极板上充有电荷 Q，电容两端电压为 U，它们的比值称为电容器的电容，用字母 C 表示，即

$$C = Q/U \tag{6.14}$$

电容的国际单位为法拉，简称法（F）。由于法拉的单位太大，常采用微法（μF）和

皮法(pF)等较小的单位。它们之间的换算关系为

$$1 \ \mu F = 10^{-6} \ F \quad 1 \ pF = 10^{-12} \ F \quad\quad\quad (6.15)$$

水管进水流速时大时小

出水流速也时大时小

用水时很麻烦

(a) 增加水塔前

进水流量时大时小

增加水塔

稳定的出水流速

每次都能取到流速稳定的自来水

(b) 增加水塔后

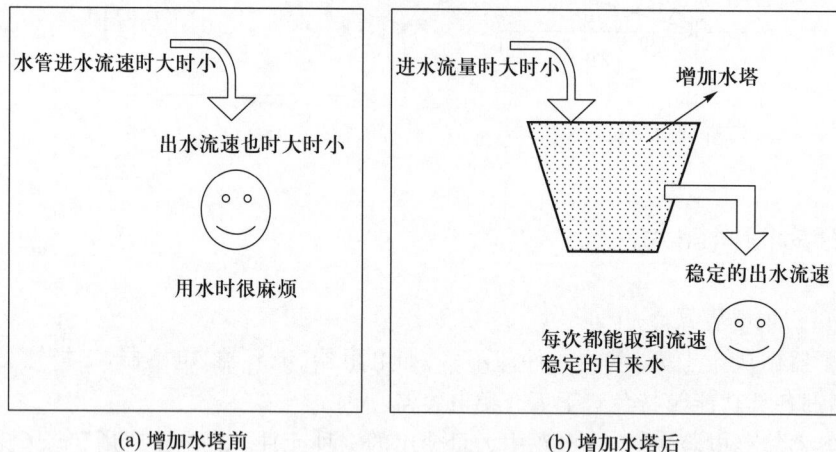

图 6.20 电容器工作原理

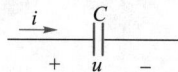

图 6.21 电容的符号

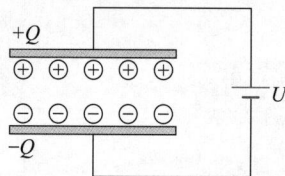

图 6.22 电容上的电荷分布

接下来认识两种最常用的电容元件。图 6.23 所示为一个电解电容,从外壳上可以看出它的电容量为 3 300 μF,耐压值为 16 V,长脚为正,短脚为负,另外注意在外壳上有负极的标志。使用时一定要注意电容的正负极不能接反,如果接反的话,很容易引起电容爆炸。

图 6.24 所示为瓷介电容,可以通过数字来标注它的电容量,比如这个(104)电容,它的电容量就是 10 后面再加 4 个 0,即 100 000 pF,也就是 0.1 μF。如果瓷介电容上只标注了一位数字(5),那么它的电容量就是 5 pF;而标注两位数字(30)的瓷介电容,它的电容量就是 30 pF。由于瓷介电容的电容量较小,没有正负极性。

图 6.23 电解电容

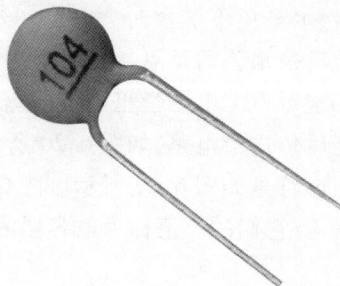

图 6.24 瓷介电容

如图 6.25 所示,当电容两端加入变化的电压 u 时,这时电容极板上的电荷 q 也发生变化,与电容元件相连接的导线中就有电荷运动,从而形成电流。

图 6.25　电容中的
电荷流动

因为 $$i = \frac{\mathrm{d}q}{\mathrm{d}t}$$

且 $$q = Cu$$

所以在 u、i 为关联参考方向的前提下有

$$i = C \frac{\mathrm{d}u}{\mathrm{d}t} \tag{6.16}$$

在直流稳定工作状态时,由于电容两端电压恒定,这时电容中电流为零,仅相当于开路状态。这时,电容元件具有隔断直流电流的作用。

水塔储存水源,电容储存电荷。电容就是一个储存电场能量的元件,它储存的电场能量为

$$W = \frac{1}{2} C u^2 \tag{6.17}$$

电容元件储存的电场能量与其两端电压有关。当电压升高时,储存的电场能量增加,电容元件从电源吸收能量,相当于被充电;当电压降低时,储存的电场能量减少,电容元件释放能量,相当于放电。电容元件储存电场能量而不消耗能量,它是一种储能元件;另外,电容元件释放的能量不可能多于它所储存的能量,它是一种无源元件。

（2）初识电感器

在电子技术中,常把绝缘导线(如漆包线、纱包线)绕成线圈的形式,以增强线圈内部的磁场来满足某种实际工作的需要,这样的线圈称为电感线圈或电感器,它是电子电路中常用的元器件之一。

常用的电感器有哪些模样呢。

图 6.25 所示都为绕线电感。常用的变压器也是绕线电感的一种结构形式。图 6.26 所示为贴片电感。图 6.27 所示为工字电感。图 6.28 所示为色环电感或称色码电感。图 6.29 所示为贴片功率电感,图 6.30 所示为可调电感或称可变电感,用螺钉旋具可调节电感量。

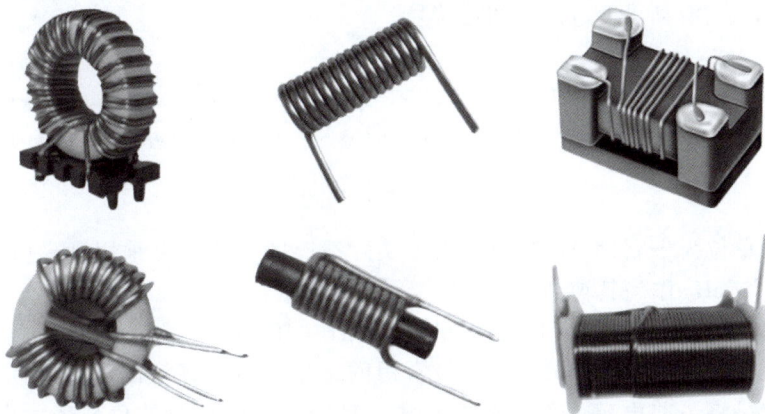

图 6.25　绕线电感

图 6.26　贴片电感

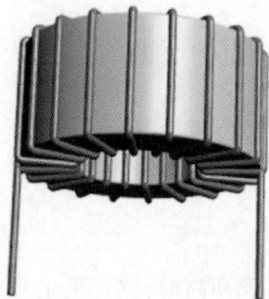

图 6.27　工字电感

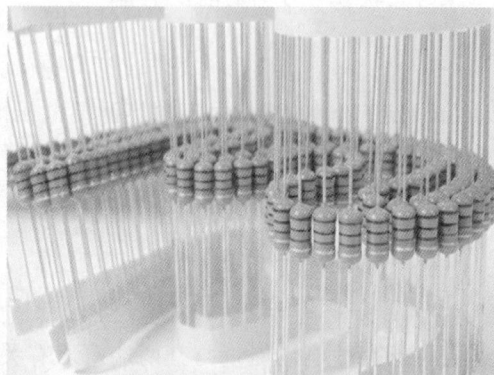

图 6.28　色环电感

图 6.29　贴片功率电感

图 6.30　可调电感

各类电感都有自己专用的图形符号。图 6.31 给出了空心电感、磁芯电感、铁心电感、半可变电感、滑动可变电感的图形符号。

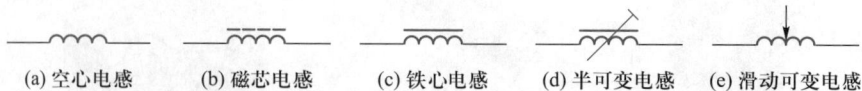

(a)空心电感　　(b)磁芯电感　　(c)铁心电感　　(d)半可变电感　(e)滑动可变电感

图 6.31　电感的图形符号

电感的单位为亨利,简称亨(H),根据实际情况的需要还可采用毫亨(mH)、微亨(μH)和纳亨(nH)作为其辅助单位。

$$1\ H = 10^3\ mH = 10^6\ \mu H = 10^9\ nH \tag{6.18}$$

怎么快速识别电感元件的参数? 最常用的是采用色环标注法和直接标注法。色环标注法就是将一些电感元件主要的参数信息通过不同颜色的色环表示出来,见表6.3,默认单位为 μH。

表 6.3　各环颜色代表的含义

颜色	棕	红	橙	黄	绿	蓝	紫	灰	白	黑	金	银
含义	1	2	3	4	5	6	7	8	9	0	$\pm5\%$ 10^{-1}	$\pm10\%$ 10^{-2}

　　4 位色环电感的识别和电阻的识别一致,其前两环是有效数,第 3 环是倍乘数,第 4 环是误差。例如,4 环颜色为棕、红、红、银,此电感为 12×10^2 μH$\pm10\%$。

　　直接标注法是将一些电感元件例如电感量、允许误差、最大工作电流等主要的参数信息标注在电感外表上,以便直接读取。

小　经　验

电感的允许误差如下。

Ⅰ级:$\pm5\%$;　　Ⅱ级:$\pm10\%$;　　Ⅲ级:$\pm20\%$

电感的电流等级:

A 为 50 mA;B 为 150 mA;C 为 300 mA;D 为 700 mA;E 为 1 600 mA。

例如:某电感标注为 3m9ⅡA,其参数为:

电感量:$L=3.9$ mH

允许误差:$\pm10\%$

最大工作电流:50 mA

　　当电感线圈通以电流 i 时,其周围便产生磁场,在图 6.32 中,若线圈的匝数为 N 匝,并且绕得比较集中,则可认为通过各匝的磁通大体相同。设穿过一匝线圈的磁通为 Φ,则与 N 匝线圈都交链的总磁通为 $N\Phi$,称之为磁通链,并用符号 Ψ 表示。

$$\Psi=N\Phi \tag{6.19}$$

　　若规定磁通链 Ψ 的参考方向与电流 i 的参考方向之间满足右手定则,在这种情况下,电感元件的自感磁通链 Ψ 与元件中电流 i 之间存在如下关系:

$$\Psi=Li \tag{6.20}$$

式中,L 为电感元件的自感或电感。

　　当通过电感元件的电流发生变化时,穿过电感元件的磁通也就相应发生变化,根据楞次感应定律,这时在电感元件两端就会产生感应电压 u,参考极性如图 6.33 所示,其大小可表述为

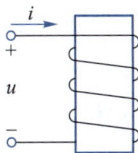

图 6.32　电感元件　　　图 6.33　线性电感符号

$$u=\frac{\mathrm{d}\Psi}{\mathrm{d}t} \tag{6.21}$$

又因 $\Psi=Li$,故在 u、i 为关联参考方向的前提下,有

$$u = L \frac{\mathrm{d}i}{\mathrm{d}t} \tag{6.22}$$

式(6.22)反映了电感元件两端电压与其中电流之间的约束关系,它表明某一时刻电感元件两端的电压只取决于该时刻电流的变化率,而与该时刻电流的大小无关。电流变化越快,则其两端的电压也就越大,从最基本的物理概念出发,电感元件的感应电压具有阻碍电流变化的性质。

在直流稳定工作状态时,由于电流恒定,这时电感元件两端感应电压为零,此时电感元件相当于短路状态。

电感元件储存的磁场能量与其通过的电流有关。

$$W_L = \frac{1}{2} L i^2(t) \tag{6.23}$$

当电流增高时,储存的磁场能量增加,电感元件从电源吸收电能且转化成磁场能量进行储存;当电流减小时,储存的磁场能量也相应减少,电感元件释放能量。因此,电感元件只有储存和释放磁场能量的性质而本身不消耗能量,故电感元件同样是一种储能元件。另外,电感元件释放的能量不可能多于它所储存的能量,它仍是一种无源元件。

需要说明的是,一个实际的电感线圈因其导线都具有一定的内电阻,它在实际工作中总要把一部分电能作为热能消耗掉。因此,在不可忽略内电阻的情况下,常用电感元件与电阻元件的串联形式来表示一个实际的电感线圈。

了解了电感的类型、符号与内部工作原理,电感又有哪些应用?

电感元件经常与电容元件联用构成滤波器去除直流输出的冗余和波动成分,如图6.34所示。

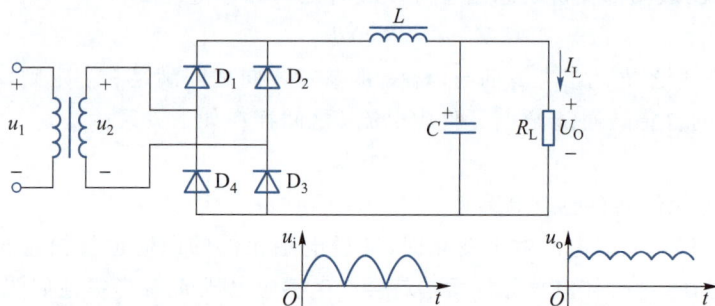

图6.34   电感在滤波器中的应用

电感元件与电容元件及其他一些器件结合还可以形成调谐电路,例如在收音机接收电路中可以放大或过滤一些特定的信号频率。在开关式电源中,电感元件常被作为储能元件不断储存和释放能量,电感元件还广泛应用在模拟电路与信号处理过程中。

5. R、L、C 单一元件的正弦交流电路

在荧光灯实验中发现灯管与镇流器串联后,两者电压之和不等于电源总电压。而且荧光灯电路并联电容后总电流不增反减。这些现象都是因为正弦交流电路中电阻、

电感、电容元件上分别存在不同的电压与电流关系。下面分别介绍纯电阻、纯电感、纯电容电路的交流特性。

1. 电阻元件

如果电路中只有电阻起主导作用,而电感和电容的影响可以忽略不计,那么这种电路称为纯电阻电路,如白炽灯、电烙铁、电炉。

(1) 电压与电流的相量关系

图6.35(a)所示为一个线性电阻 R 的交流电路,在电阻元件交流电路中 u 和 i 是两个同频率的正弦量,在数值上它们间的关系满足欧姆定律,而在相位上 u 与 i 是同相的,如图6.35(b)所示。

如将大小和相位综合起来考虑,可用相量形式来表示电压与电流的关系为

$$\dot{U} = \dot{I} R \tag{6.24}$$

可用相量图表示为图6.35(c)所示。

(2) 有功功率(平均功率) P

图6.35(d)表示了线性电阻 R 的功率情况。在任意瞬间,把某元件的电压瞬时值和电流瞬时值的乘积称为该元件的瞬时功率,一般用小写字母 p 表示。对于线性电阻 R,它在任意时刻消耗的瞬时功率为

$$p = p_R = ui = U_m \sin \omega t \cdot I_m \sin \omega t = \frac{U_m I_m}{2}(1 - \cos 2\omega t)$$
$$= UI(1 - \cos 2\omega t) \tag{6.25}$$

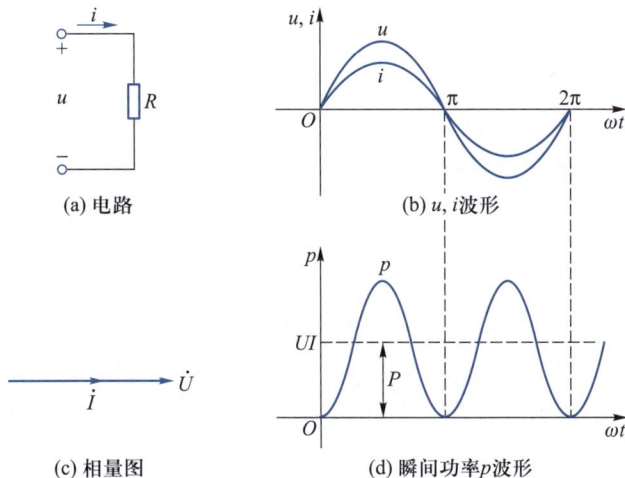

(a) 电路　　(b) u, i 波形

(c) 相量图　　(d) 瞬间功率 p 波形

图6.35　电阻元件的交流电路

由式(6.25)可看出: p 是由两部分组成的,第一部分是常数 UI,第二部分是幅值为 UI 并以 2ω 的角频率随时间变化的交变量。这两部分合成的结果表现为瞬时功率的曲线总是为正,即 $p \geq 0$,这说明电阻元件 R 在任何瞬间都是从电源吸收电能的,并将电能转换为热能。这种转换是不可逆的能量转换过程,它与电阻 R 中某瞬间的电流方向无关。

瞬时功率虽能够充分表明电阻元件在交流电路中的物理特性,但由于它是一个随

时间而变化的量,计算起来仍有不便。因此,在进行计算时,常取瞬时功率在一个周期内的平均值来表示电功率的大小,称之为平均功率,并用大写字母 P 来表示,即

$$P = \frac{1}{T}\int_0^T p\,dt = UI = I^2R = \frac{U^2}{R} \tag{6.26}$$

在这里,用电压和电流的有效值来计算电阻元件所消耗的平均功率时,计算公式和直流电路中计算功率的公式完全相同,这也从另外一个侧面说明了交流有效值的"含义"。

需要强调的是,由于平均功率就是实际消耗的功率,有时又称为有功功率。有功功率的单位为瓦(W)或千瓦(kW),它反映了一个周期内电路(这里为电阻 R)消耗电能的平均速率。

提示
关于"有功"二字的含义,要认真加以体会和注意。

例 6.10 交流电压 $u = 220\sqrt{2}\sin(314t + 30°)$ V 作用于 50 Ω 电阻两端,试写出电流的瞬时值表达式并计算电路的平均功率。

解:设 u、i 为关联参考方向,电流的有效值为

$$I = \frac{U}{R} = \frac{220}{50} \text{ A} = 4.4 \text{ A}$$

又由于电阻电路中 u、i 同相位,故有

$$i = 4.4\sqrt{2}\sin(314t + 30°) \text{ A}$$

电路的平均功率(也就是电阻元件 R 消耗的功率)为

$$P = UI = 220 \times 4.4 \text{ W} = 968 \text{ W}$$

2. 电感元件

一个具有电磁感应作用,其直流电阻值小到可以忽略的线圈,就可以看作一个纯电感负载。例如,荧光灯电路的镇流器、整流滤波电路的扼流圈、电力系统中限制短路电流的电抗器等,都可以看作电感元件。

(1)电压与电流的相量关系

图 6.36(a)所示为一个线性电感 L 的交流电路。根据电感元件 L 的物理特性,在取关联参考方向情况下,u_L 和 i_L 满足微分关系

$$u_L = L\frac{di_L}{dt}$$

对直流电路而言,由于稳态时电感电流 i_L 为一恒定值,故这时没有感应电压 u_L,即 $u_L = 0$,所以在直流电路中电感元件 L 相当于两端短接;而在交流电路中,由于 i_L 随时间按正弦规律变化,就会在 L 两端产生感应电压 u_L,它仍为一正弦函数,这时它的物理特性是起阻碍电流变化的作用。

设 $i_L = I_m\sin\omega t$,则有

$$u_L = L\frac{di_L}{dt} = L\frac{d(I_m\sin\omega t)}{dt} = \omega LI_m\cos\omega t = \omega LI_m\sin(\omega t + 90°)$$

$$= U_m\sin(\omega t + 90°) \tag{6.27}$$

由此看出在理想电感电路中,u_L 和 i_L 是同频率的正弦量并且在相位上 u_L 超前于电流 i_L 90°,如图 6.36(b)所示。

如用一个相量式来表达电感中电压和电流之间的大小和相位两方面的关系,则此

相量式可表述如下

$$\dot{U}_\mathrm{m} = \mathrm{j}\omega L \dot{I}_\mathrm{m}$$

或
$$\dot{U} = \mathrm{j}\omega L \dot{I} \qquad (6.28)$$

若令 $X_L = \omega L$，则上式可写成

$$\dot{U} = \mathrm{j}X_L \dot{I} \qquad (6.29)$$

可用相量图表示为图 6.36(c)所示。

X_L 称为电感元件的感抗，它同样具有电阻的量纲，即其单位也是欧姆(Ω)，其大小与频率 f 及电感量 L 成正比。频率越高或者是电感量越大则感抗 X_L 越大，它对电流的阻碍作用也就越大，所以在高频电路中 X_L 趋于很大，电感元件 L 可看作开路；而对直流电路来说由于 $f=0$，感抗 $X_L=0$，此时电感元件就相当于短路，这和在前面所介绍的有关内容是十分符合的。

需要注意，感抗 X_L 是电感中电压与电流的幅值或有效值之比，而不是瞬时值的比值，所以不能写成 $X_L = \dfrac{u}{i}$，这与电阻电路是不一样的。在电感元件中电压与电流之间成导数关系 $\left(u = L\dfrac{\mathrm{d}i}{\mathrm{d}t}\right)$ 而不是正比关系。另外，电感元件中电压和电流的相量式 $\dot{U} = \mathrm{j}X_L\dot{I}$，它既包含了电压与电流间的大小关系 $U = X_L I$，又包含了电压超前电流 $90°$ 的概念。对于这一点要认真加以注意，在实际应用时要根据待求量的意义来进行分析考虑。

若电感中电流的初相不为零时，如 $\dot{I} = I\,\underline{/\psi_i}$ 时，则 $\dot{U} = U\,\underline{/\psi_i + 90°}$，即对于电感元件而言，电压总要超前于电流 $90°$，其相位差 $\varphi = 90°$ 具有绝对性。

（2）电感元件的瞬时功率及无功功率

图 6.36(d)表示了线性电感 L 的功率情况，设电感元件中电流和电压为

$$i = I_\mathrm{m}\sin\omega t$$

$$u = U_\mathrm{m}\sin\left(\omega t + \frac{\pi}{2}\right)$$

则电感元件的瞬时功率为

$$p = ui = U_\mathrm{m}\sin\left(\omega t + \frac{\pi}{2}\right)\cdot I_\mathrm{m}\sin\omega t = U_m I_m\cos\omega t\sin\omega t$$
$$= UI\sin 2\omega t \qquad (6.30)$$

电感元件吸收的能量和释放的能量是相等的，这说明电感元件实际上是不消耗电能的，故其有功功率或平均功率应当为零。当然，这也可通过数学推导来说明：

$$P = P_L = \frac{1}{T}\int_0^T p\,\mathrm{d}t = \frac{1}{T}\int_0^T UI\sin 2\omega t\,\mathrm{d}t = 0$$

电感元件虽不消耗能量，但作为一种理想的电路元件，它在电路中要体现出自己本身的物理属性，这一属性就是表现在它与电源要进行能量的交换。为了衡量这种能量交换的规模或程度，引入"无功功率"这一概念，规定无功功率等于瞬时功率的幅值。如用符号 Q 来表示无功功率，则电感元件的无功功率为

$$Q_L = UI = I^2 X_L = \frac{U^2}{X_L} \tag{6.31}$$

为了与有功功率相区别,无功功率 Q 的单位称为乏(Var)或千乏(kVar)。

需说明的是,一个实际的电感元件总是含有一定内阻的,它可看成由该内阻与一个理想电感串联而成。

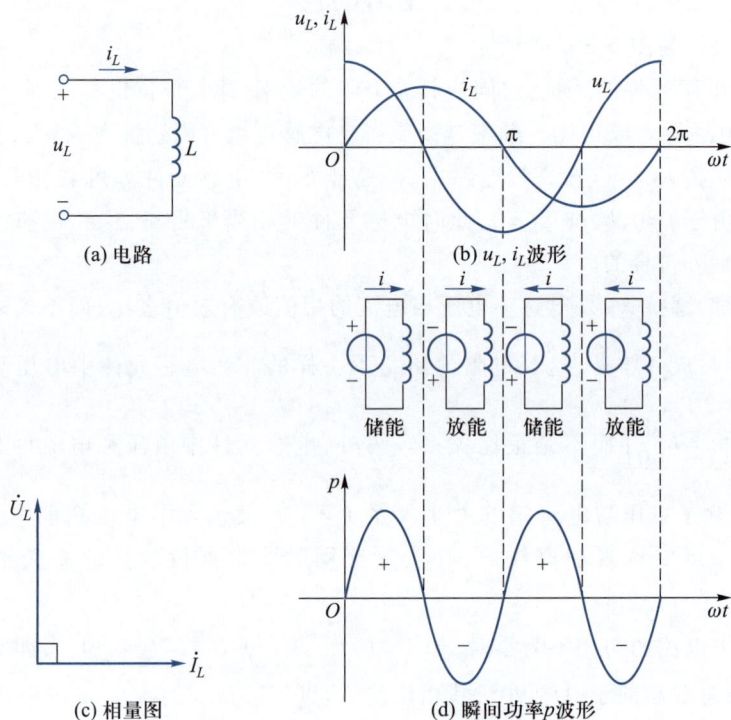

(a) 电路

(b) u_L, i_L 波形

储能　放能　储能　放能

(c) 相量图

(d) 瞬间功率 p 波形

图 6.36　电感元件的交流电路

例 6.11　一个线圈的电感 $L = 10$ mH,设内阻忽略不计,接到电源 $u = 100\sqrt{2}\sin 314t$ V 上,求这时的感抗、电流和无功功率 Q,并画出相量图;若电压幅值不变,而频率变为 $f' = 50 \times 10^3$ Hz,问感抗和电流又为多少?

解:

$$\omega = 314 \text{ rad/s}$$

$$X_L = \omega L = 314 \times 10 \times 10^{-3} = 3.14 \ \Omega$$

$$\dot{I} = \frac{\dot{U}}{jX_L} = \frac{100 \underline{/0°}}{j3.14} = 31.8 \underline{/-90°} \text{ A}$$

$$Q_L = UI = 100 \times 31.8 \text{ Var} = 3\ 180 \text{ Var}$$

相量图如图 6.37 所示。

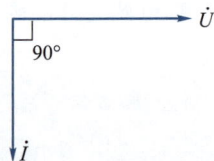

图 6.37　例 6.11 解图

当 $f' = 50 \times 10^3$ Hz 时

$$X_L' = 2\pi f' L = 2\pi \times 50 \times 10^3 \times 10 \times 10^{-3} \ \Omega = 3\ 140 \ \Omega$$

$$\dot{I} = \frac{\dot{U}}{jX_L'} = \frac{100 \underline{/0°}}{j3\ 140} \text{ A} = 31.8 \underline{/-90°} \text{ mA}$$

3. 电容元件

（1）电压与电流的相量关系

图 6.38（a）所示为一个线性电容 C 的交流电路，在取关联参考方向情况下，u_C 和 i_C 满足微分关系

$$i_C = C \frac{\mathrm{d}u_C}{\mathrm{d}t}$$

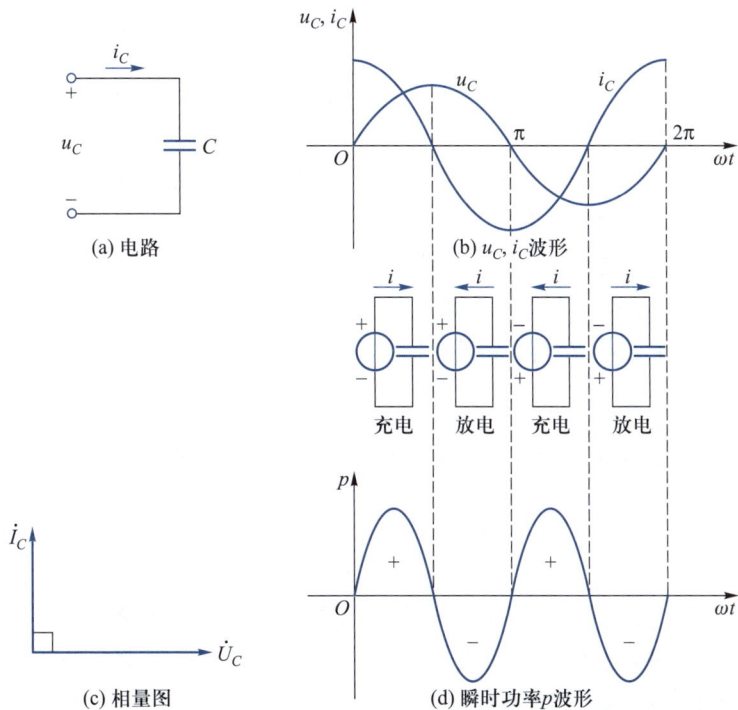

(a) 电路　　(b) u_C、i_C 波形

充电　放电　充电　放电

(c) 相量图　　(d) 瞬时功率 p 波形

图 6.38　电容元件的交流电路

对于直流电路，由于稳态时电容中电压 u_C 为一恒定电压，其变化率为零，这时电容中无电流通过，即 $i_C = 0$，所以在直流电路中电容元件相当于两端开路；而在正弦交流电路中，由于电容 C 不断进行充电和放电，这时 u_C、i_C 均随时间按正弦规律变化。

设 $u_C = U_\mathrm{m} \sin \omega t$，则有

$$i_C = C \frac{\mathrm{d}u_C}{\mathrm{d}t} = C \frac{\mathrm{d}(U_\mathrm{m} \sin \omega t)}{\mathrm{d}t}$$

$$= \omega C U_\mathrm{m} \cos \omega t$$

$$= \omega C U_\mathrm{m} \sin(\omega t + 90°)$$

$$= I_\mathrm{m} \sin(\omega t + 90°)$$

可见在理想电容电路中，u_C 和 i_C 都是同频率的正弦量，在相位上 u_C 滞后于 i_C 90°，如图 6.38（b）所示。

如果规定当电压超前于电流时，其相位差 φ 为正；当电压滞后电流时，φ 为负。这样做是为了便于说明电路是电感性的还是电容性的。可见对电感元件，$\varphi = 90°$；对电容元件，$\varphi = -90°$。

电容电压和电流间的相量式可表述为

$$\dot{U}_{\mathrm{m}} = \frac{1}{\mathrm{j}\omega C}\dot{I}_{\mathrm{m}} = -\mathrm{j}\frac{1}{\omega C}\dot{I}_{\mathrm{m}}$$

或

$$\dot{U} = \frac{1}{\mathrm{j}\omega C}\dot{I} = -\mathrm{j}\frac{1}{\omega C}\dot{I} \tag{6.32}$$

若令 $X_C = \dfrac{1}{\omega C}$，则上式可写成

$$\dot{U} = -\mathrm{j}X_C\dot{I} \tag{6.33}$$

可用相量图表示，如图6.38(c)所示。

X_C 称为电容元件的容抗，其单位同样是欧姆，其大小与频率 f 及电容 C 成反比。当电压一定时，频率 f 越高、电容越大，则容抗 X_C 就越小，它对电流的阻碍作用就越小，即电流 I 越大。所以在高频电路中当 X_C 趋于零时，电容元件可视为短路；而对直流电路而言，由于 $f=0$，$X_C = \infty$，此时电容元件就可视为开路。

（2）电容元件的瞬时功率及无功功率

图6.38(d)表示了线性电容 C 的功率情况，电容元件的瞬时功率为

$$p = ui = U_{\mathrm{m}}\sin\omega t \cdot I_{\mathrm{m}}\sin(\omega t + 90°) = U_{\mathrm{m}}I_{\mathrm{m}}\sin\omega t\cos\omega t$$

$$= UI\sin 2\omega t$$

从中可看出，电容元件吸收的功率与释放的功率相等，所以其平均功率为零，说明理想电容元件也不消耗功率，即有

$$P = P_C = \frac{1}{T}\int_0^T p\mathrm{d}t = \frac{1}{T}\int_0^T UI\sin 2\omega t\mathrm{d}t = 0$$

电容元件的无功功率 Q_C 表明了电容器与电源之间能量交换的规模或程度，它仍定义为瞬时功率的幅值，但为了与电感元件相区别以及讨论问题方便起见，取电容元件的无功功率取负值，这时有

$$Q_C = -UI = -I^2X_C = -\frac{U^2}{X_C} \tag{6.34}$$

它的单位同样为乏(var)或千乏(kvar)。

例6.12　一个绝缘良好的电容器 $C = 10\ \mu\mathrm{F}$，接到电源 $u = 220\sqrt{2}\sin 314t\,\mathrm{V}$ 上，试求容抗 X_C、电流相量 $\dot{I}$、电流 i 的瞬时值表达式及无功功率。

解：

$$X_C = \frac{1}{\omega C} = \frac{1}{314\times 10\times 10^{-6}}\ \Omega = 318.5\ \Omega$$

$$\dot{I} = \frac{\dot{U}}{-\mathrm{j}X_C} = \frac{220\ \underline{/0°}}{318.5\ \underline{/-90°}} = 0.69\ \underline{/90°}\ \mathrm{A}$$

$$i = 0.69\sqrt{2}\sin(314t + 90°)\ \mathrm{A}$$

$$Q_C = -UI = -220\times 0.69\ \mathrm{Var} = -152\ \mathrm{Var}$$

6.　从荧光灯电路分析 *RL* 串联电路的特性

在工农业生产和日常生活中所用的电一般都是正弦交流电。初次接触交流电可

提示

当频率升高时，容抗降低，说明电容可以起到隔直流、通交流，通高频、阻低频的作用。

能抓不住要领,被其表面的复杂现象所迷惑。下面就通过研究具有典型意义的荧光灯电路,走进交流电路的"神秘世界"。

在前面的"来仿真"和"动手做"环节中发现荧光灯电路的端电压不等于各分电压之和,即 $U \neq U_R + U_L$,且 $U < U_R + U_L$。这是什么原因?

由于荧光灯管相当于纯电阻,镇流器相当于纯电感,它们是不同的负载,荧光灯电路可以等效成电阻与电感元件串联的电路模型,如图 6.39(a)所示。虽然同一个电流 $\dot{I}$ 流过电阻和电感,但是它们各自产生的电压降 $\dot{U}_R$ 和 $\dot{U}_L$ 的相位是不同的。$\dot{U}_R$ 与 $\dot{I}$ 相位相同,$\dot{U}_L$ 超前 $\dot{I}$ 90°,其相量图如图 6.39(b)所示。根据 KVL 可写出瞬时值表达式

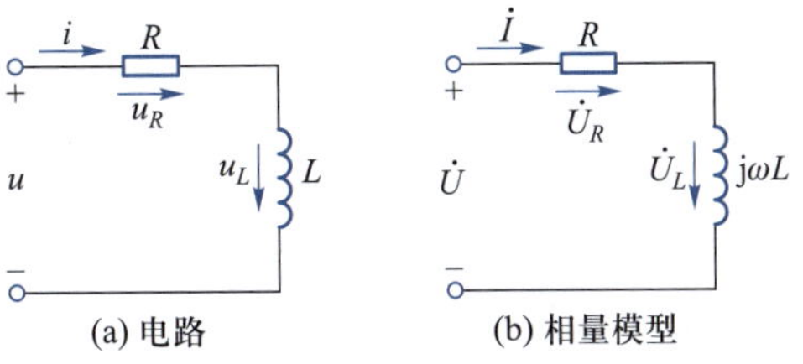

(a) 电路　　　　(b) 相量模型

图 6.39　*RL* 串联交流电路

$$u = u_R + u_L$$

相量表达式为

$$\dot{U} = \dot{U}_R + \dot{U}_L$$
$$= R\dot{I} + j\omega L\dot{I}$$
$$= (R + jX_L)\dot{I} = Z\dot{I} \tag{6.35}$$

式中,Z 为 R、L 元件串联后的总阻抗。

$$Z = R + j\omega L = R + jX_L = \sqrt{R^2 + X_L^2} \Big/\!\underline{\arctan \dfrac{X_L}{R}}$$
$$= |Z| \Big/\!\underline{\varphi} \tag{6.36}$$

Z 是荧光灯电路的阻抗,它体现了 *RL* 串联电路对电流的阻碍作用,单位为 Ω。其实部就是电阻部分,表达了阻抗的耗能性质;其虚部就是感抗抗部分,表达了阻抗的储能与交换性质。

小 经 验

注意 Z 是复数而不是正弦量,所以不能称 Z 为相量。其模为 $|Z|$,阻抗角为 φ

$$\left.\begin{aligned} |Z| &= \sqrt{R^2 + X_L^2} \\ \varphi &= \arctan \frac{X_L}{R} = \arctan \frac{X_L}{R} \end{aligned}\right\} \tag{6.37}$$

图 6.40 所示为 *RL* 串联电路相量图。$|Z|$、R、X_L 三者之间的关系可用一个直角三角形即阻抗三角形来表示,如图 6.41(a)所示。电源电压、灯管上的电压、镇流器上的电压值符合勾股定律,组成电压三角形,如图 6.41(b)所示。

将电压三角形的每边除以 I,就可以得到阻抗三角形。如果电压三角形的每边乘以 I,就可以得到功率三角形,如图 6.41(c)所示。那么,对于同一交流电路,阻抗三角形、电压三角形和功率三角形是相似三角形,Z 和 R 之间的夹角称为阻抗角 φ(又称功率因数角)。它在数值上通过这三个三角形都可求取,但实际上取决于电路中的电阻、电感和电源的频率。

图 6.41(c)所示的功率三角形,表明了正弦交流电路中有功功率 P、无功功率 Q 和视在功率 S 之间的数量关系也满足勾股定律,即

$$S = \sqrt{P^2 + Q^2} \qquad (6.38)$$

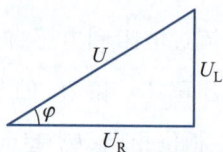

图 6.40　RL 串联电路相量图

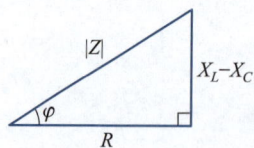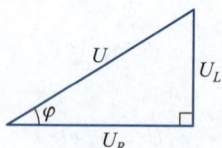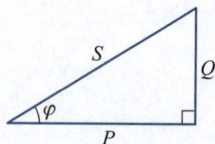

（a）阻抗三角形　　　　（b）电压三角形　　　　（c）功率三角形

图 6.41　阻抗、电压、功率三角形

在交流电路中,只有 R 是耗能元件,故电路中的有功功率为

$$P = IU_R = I^2 R \qquad (6.39)$$

由电压三角形可知,$U_R = U\cos\varphi$,所以有功功率又为

$$P = UI\cos\varphi \qquad (6.40)$$

式中,$\cos\varphi$ 就是电路中的功率因数,它是表征交流电路工作状况的重要技术数据之一。

电感 L 只是与电源交换能量,其无功功率为

$$Q = UI\sin\varphi \qquad (6.41)$$

在上两式中,乘积 UI 是电源提供给电路的总功率,称为视在功率,习惯上以大写字母 S 表示,即

$$S = UI \qquad (6.42)$$

视在功率的单位为伏安(V·A)或千伏安(kV·A)。

需要说明的是,虽然视在功率 S 具有功率的量纲,但它与有功功率和无功功率是有区别的。视在功率的实际意义在于它表明了交流电气设备能够提供或取用功率的能力。交流电气设备的能力是按照预先设计的额定电压和额定电流来确定的,有时称为容量。

例 6.13　在电阻、电感串联电路中,已知电源频率为 50 Hz,电源电压 $\dot{U} = 220 \underline{/45°}$ V,$Z = 50 \underline{/30°}$ Ω,求:(1) 电流 i;(2) 电阻和感抗;(3) 电路的视在功率和有功功率。

解:(1) 利用欧姆定律的相量式得

$$\dot{I} = \frac{\dot{U}}{Z} = \frac{220\ \underline{/45°}}{50\ \underline{/30°}}\ A = 4.4\ \underline{/15°}\ A$$

从电流的相量式变换到三角函数式就可以得到

$$i = 4.4\sqrt{2}\sin(314t + 15°)\ A$$

（2）$Z = 50\ \underline{/30°} = 50\cos 30° + j50\sin 30° = (43.3 + 25j)\ \Omega$

所以　　$R = 43.3\ \Omega, X_L = 25\ \Omega$

（3）$S = UI = 220 \times 4.4 = 968\ V \cdot A$

$\quad\quad P = S\cos\varphi = 968 \times \cos 30° = 838.3\ W$

或　　　　　　　　　　$P = I^2 R = 4.4^2 \times 43.3 = 838.3\ W$

实际问题 6.2　荧光灯电路在正常工作时实际上就是一个 RL 串联电路。现测得其实际工作电压 $U = 220\ V$，电流 $I = 0.36\ A$，功率 $P = 44.6\ W$，求 R、L 和功率因数。

解决问题：
$$\cos\varphi = \frac{P}{UI} = \frac{44.6}{220 \times 0.36} = 0.563$$

$$R = \frac{P}{I^2} = \frac{44.6}{(0.36)^2}\ \Omega = 344\ \Omega$$

又因　　　　　　　　　$\cos\varphi = \frac{R}{\sqrt{R^2 + X_L^2}}$

代入相关数值，得

$$X_L = \omega L = 505\ \Omega$$

$$L = \frac{X_L}{\omega} = \frac{505}{314}\ H = 1.61\ H$$

7. 复阻抗电路

在实际电路中，许多元件本身就是复阻抗，并且许多交流电路都是通过阻抗的串联、并联和混联来构成的。

1. 阻抗的串联

当多个阻抗串联时，有

$$Z = \sum_{k=1}^{n} Z_k = \sum_{k=1}^{n} R_k + j\sum_{k=1}^{n} X_k = |Z|\ \underline{/\varphi}$$

其中　　　　　　　$|Z| = \sqrt{\left(\sum R_k\right)^2 + \left(\sum X_k\right)^2}$

$$\varphi = \arctan\frac{\sum X_k}{\sum R_k} \tag{6.43}$$

这说明电路的总阻抗等于各部分阻抗相加，即串联总阻抗的电阻值等于各部分电阻之各，总电抗等于各部分电抗的代数和。其中感抗取正号，容抗取负号。

各阻抗的分压为

$$\dot{U}_k = \dot{I} Z_k = \frac{\dot{U}}{Z} Z_k \tag{6.44}$$

有一点需特别注意，在一般情况下

$$|Z| \neq |Z_1| + |Z_2| + \cdots + |Z_n|$$

2. 阻抗的并联

两个阻抗的并联可用一个等效阻抗 Z 来代替,并且有

$$\frac{1}{Z} = \frac{1}{Z_1} + \frac{1}{Z_2}$$

或

$$Z = \frac{Z_1 \cdot Z_2}{Z_1 + Z_2} \tag{6.45}$$

若 n 个阻抗并联,则可推广为

$$\frac{1}{Z} = \sum_{k=1}^{n} \frac{1}{Z_k}$$

各阻抗的分流为(以两阻抗并联为例)

$$\dot{I}_1 = \frac{\dot{U}}{Z_1} = \frac{Z_2}{Z_1 + Z_2} \dot{I}$$
$$\dot{I}_2 = \frac{\dot{U}}{Z_2} = \frac{Z_1}{Z_1 + Z_2} \dot{I} \tag{6.46}$$

对于阻抗的并联同样要注意,在一般情况下

$$\frac{1}{|Z|} \neq \frac{1}{|Z_1|} + \frac{1}{|Z_2|} + \cdots + \frac{1}{|Z_n|}$$

例 6.14 电路如图 6.42 所示,已知 $u = 100\sqrt{2} \sin 314t \text{V}$, $R_1 = 10\ \Omega$, $R_2 = 1\,000\ \Omega$, $L = 500$ mH, $C = 10\ \mu\text{F}$,求电容电压 u_C。

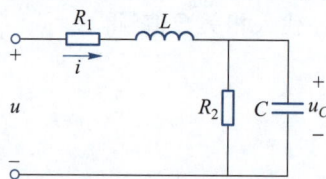

图 6.42　例 6.14 电路

解:

$$\dot{U} = 100 \underline{/0°}\ \text{V}$$
$$X_L = \omega L = 314 \times 500 \times 10^{-3} = 157\ \Omega$$
$$X_C = \frac{1}{\omega C} = \frac{1}{314 \times 10 \times 10^{-6}} = 318.47\ \Omega$$

R_2 与 X_C 并联的等效阻抗为

$$Z' = \frac{R_2(-jX_C)}{R_2 - jX_C} = \frac{1\,000(-j318.47)}{1\,000 - j318.47}\ \Omega = (92.08 - j289)\ \Omega = 303.3 \underline{/-72.33°}\ \Omega$$

总等效阻抗为

$$Z = R_1 + jX_L + Z' = (10 + j157 + 92.08 - j289)\ \Omega$$
$$= (102.08 - j132)\ \Omega = 167 \underline{/-52.31°}\ \Omega$$

故有

$$\dot{I} = \frac{\dot{U}}{Z} = \frac{100 \underline{/0°}}{167 \underline{/-52.31°}}\ \text{A} = 0.599 \underline{/52.31°}\ \text{A}$$
$$\dot{U}_C = \dot{I} Z' = 0.599 \underline{/52.31°} \times 303.3 \underline{/-72.33°}\text{V} = 181.7 \underline{/-20.02°}\text{V}$$
$$u_C = 181.7\sqrt{2} \sin(314t - 20.02°)\ \text{V}$$

微课
项目小结

项目小结

本项目通过荧光灯电路搭建和测试,介绍了交流电的特点,以及电阻、电感、电容

在交流电路中的特性。当同一个电流流过电阻、电感、电容这些不同负载时,负载上电压的相位不同,这样就引入了相量法。相量式和相量图适用于交流电路的分析。而实际电路往往是多个参数元件同时存在的,荧光灯电路就是既有电阻又有电感,所以又进一步分析电阻与电感串联电路的电压与电流关系。交流电路中存在着三个相似三角形,这就是阻抗三角形、电压三角形和功率三角形。

同时经过深入研究,得到了欧姆定律和基尔霍夫定律的相量形式,可以看出:在形式上,它们和直流电路的欧姆定律和 KCL、KVL 表达式是一样的,只要将正弦交流电路中的电压和电流改用相量表示就可以了。因而在直流电路中由欧姆定律和基尔霍夫定律推导出来的支路电流法、节点电压法、叠加定理、戴维南定理等都可以同样扩展到正弦交流电路中。

习题

一、填空题

1. 正弦交流电的三要素为_____、_____和_____。

2. 已知正弦电流的 $u=141.4\sin(314t+30°)$ A,则该正弦电流的幅值为_____、有效值为_____、角频率为_____、频率为_____、周期为_____、初始角为_____。其相量表示 $\dot{U}=$_____。

3. 图 6.43 所示的正弦波电压的有效值为_____ V;初相角为_____度。

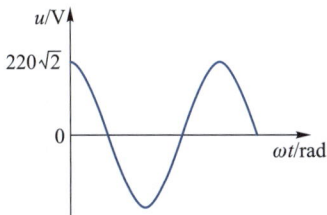

图 6.43

4. 电压 $u=220\sqrt{2}\sin(6\,280t-45°)$ V,其相量表示式为_____。

5. 电流 $\dot{I}=30\ \underline{/45°}$ A,角频率为 628 rad/s,则它的有效值为_____ A。其瞬时表达式为 $i=$_____。

6. 已知两个正弦交流电流 $i_1=10\sin(314t-30°)$ A,$i_2=310\sin(314t+90°)$ A,则 i_1 和 i_2 的相位差为_____,_____超前_____。

7. 在正弦交流电路中,已知流过纯电阻元件的电流 $I=5$ A,电压 $u=20\sqrt{2}\sin1\,000t$ V,若 u、i 取关联方向,则电阻 $R=$_____ Ω。

8. 在正弦交流电路中,已知流过纯电感元件的电流 $I=5$ A,电压 $u=20\sqrt{2}\sin1\,000t$ V,若 u、i 取关联方向,则感抗 $X_L=$_____ Ω,电感 $L=$_____ mH。

9. 在正弦交流电路中,已知流过纯电容元件的电流 $I=5$ A,电压 $u=20\sqrt{2}\sin1\,000t$ V,若 u、i 取关联方向,则容抗 $X_c=$_____ Ω,电容量 $C=$_____ μF。

10. 在正弦交流电路中,流经电容器的电流与电容器两端电压的相位差为_____,它消耗的有功功率为_____。

11. 当频率增大时,电感元件的感抗变_____;电容元件的容抗变_____。

12. 当频率为 0 时,电感元件的感抗为_____;电容元件的容抗为_____。

13. RL 串联电路的复数阻抗为 $Z = 3 + j4\ \Omega$,则电路的电阻为_____ Ω,电抗为_____ Ω,阻抗的模为_____ Ω,功率因数为_____。

14. 视在功率 S、有功功率 P、无功功率 Q 的关系式为_____。

二、单选题

1. 交流电压、电流表测量数据为交流电的(　　)。

A. 瞬时值　　　　B. 有效值　　　　C. 最大值　　　　D. 峰峰值

2. 两个同频率正弦交流电的相位差等于 180° 时,则它们相位关系是(　　)。

A. 同相　　　　B. 反相　　　　C. 相等　　　　D. 正交

3. 图 6.44 所示波形图,电流的瞬时表达式为(　　)。

A. $i = I_m \sin(\omega t + 30°)$　　　B. $i = I_m \sin(\omega t + 180°)$　　　C. $i = I_m \sin \omega t$

4. 图 6.45 所示波形图中,电压的瞬时表达式为(　　)。

A. $u = U_m \sin(\omega t - 45°)$　　　B. $u = U_m \sin(\omega t + 45°)$　　　C. $u = U_m \sin(\omega t + 135°)$

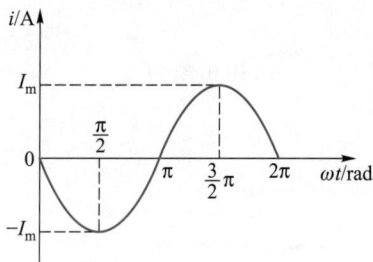

图 6.44

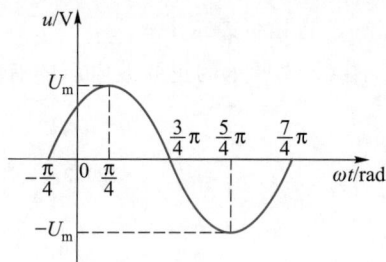

图 6.45

5. 白炽灯的额定工作电压为 220 V,它允许承受的最大电压为(　　)。

A. 220 V　　　　B. 311 V　　　　C. 380 V　　　　D. 440 V

6. 电容器的外形是(　　)。

A. ————　　　　B. ————　　　　C. ————　　　　D. ————

7. 电容的电路符号是(　　)。

A. ————　　　　B. ————　　　　C. ————　　　　D. ————

8. 电容的单位是(　　)。

A. F(法拉)　　　　B. Ω(欧姆)　　　　C. Hz(赫兹)　　　　D. A(安培)

9. 电感的电路符号是(　　)。

A. ————　　　　B. ————　　　　C. ————　　　　D. ————

10. 电感的单位是(　　)。

A. F(法拉)　　　　B. Ω(欧姆)　　　　C. H(亨利)　　　　D. A(安培)

11. 在纯电感电路中,感抗应为(　　)。

A. $X_L = j\omega L$　　　B. $X_L = \dot{U}/\dot{I}$　　　C. $X_L = U/I$　　　D. $X_L = u/i$

12. 纯电容电路中,u、i 关联参考方向,已知 $i = 10\sin(1\,000\,t+20°)$ A,$X_C = 5\ \Omega$,则 $u = (\quad)$。

A. $50\sin(1\,000\,t+110°)$ V　　　　　B. $25\sin(1\,000\,t-70°)$ V

C. $50\sin(1\,000\,t-70°)$ V　　　　　D. $50\sin(1\,000\,t+110°)$ V

13. 正弦交流电路中,纯电阻电路的无功功率(　　)。

A. >0　　　　B. <0　　　　C. $=0$　　　　D. 由电阻值的大小决定

14. 正弦交流电路中,电容元件的有功功率(　　)。

A. >0　　　　B. <0　　　　C. $=0$　　　　D. 由电容量的大小决定

15. RL 串联电路的阻抗为(　　)。

A. $Z = R+\omega L$　　B. $|Z| = \sqrt{R+\omega L}$　　C. $Z = R+j\omega L$　　D. $Z = \omega L+jR$

16. P、Q、S 的单位是(　　)。

A. 乏、瓦、伏安　　B. 伏安、瓦、乏　　C. 瓦、伏安、乏　　D. 瓦、乏、伏安

17. 下列相量图中,表示 RL 串联电路的总电压与电流相量关系的是(　　)。

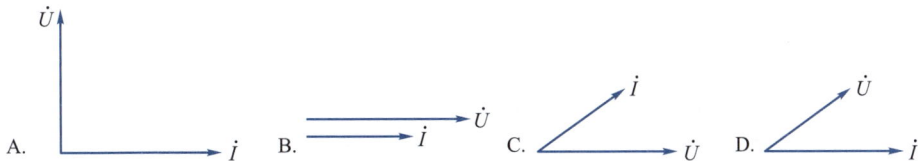

18. 一个 RL 串联电路,接入电压为 $u = 100\sqrt{2}\sin\omega t$ V 的电源上,用电压表测得电容上的电压为 80 V,则电阻上电压为(　　)。

A. 60 V　　　　B. 20 V　　　　C. 180 V　　　　D. 80 V

三、计算题

1. 已知某正弦电压 $u = U_m\sin\left(\omega t+\dfrac{\pi}{6}\right)$ V,当 $t = 0$ 时,$u = 200$ V,当 $t = \dfrac{1}{300}$ s 时,$u = 400$ V,求此电压的频率 f。

2. 某元件两端的电压和通过该元件的电流波形如图 6.46 所示,写出电压、电流的相量式 $\dot{U}$、$\dot{I}$。

3. 在图 6.47 所示并联正弦交流电路中,已知电流表 A_1、A_2、A_3 的读数分别为 5 A、10 A、15 A,且 i_1、i_2、i_3 的初相分别为 $0°$、$-90°$、$90°$。求总电流表 A 的读数,并画出各电流的相量图。

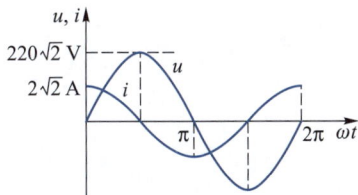

图 6.46

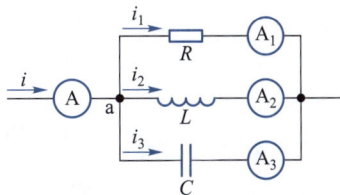

图 6.47

4. 已知一正弦交流电流 $i=10\sqrt{2}\sin(1\,000\,t+30°)$ A,通过 $R=10\,\Omega$ 的电阻,试写出电阻两端电压的瞬时值表达式和相量式。

5. 已知一正弦交流电流 $i=10\sqrt{2}\sin(1\,000\,t+30°)$ A,通过 $L=0.01$ H 的电感,试写出电感两端电压的瞬时值表达式和相量式。

6. 已知一正弦交流电流 $i=10\sqrt{2}\sin(1\,000\,t+30°)$ A,通过 $C=100$ μF 的电容,试写出电容两端电压的瞬时值表达式和相量式。

7. $R=3\,\Omega$、$X_L=4\,\Omega$ 的线圈接在 $U=50$ V 的交流电路,试计算电路中的电流、有功功率、无功功率、视在功率和功率因数。

8. 一实际电感线圈接在 $U=120$ V 的直流电源上,其电流为 20 A;若接在 $f=50$ Hz,$U=220$ V 的交流电源上,则电流为 28.2 A,求该线圈的电阻和电感。

9. 在图 6.48 所示电路中,分别求出表 A_0 和 V_0 上的读数。

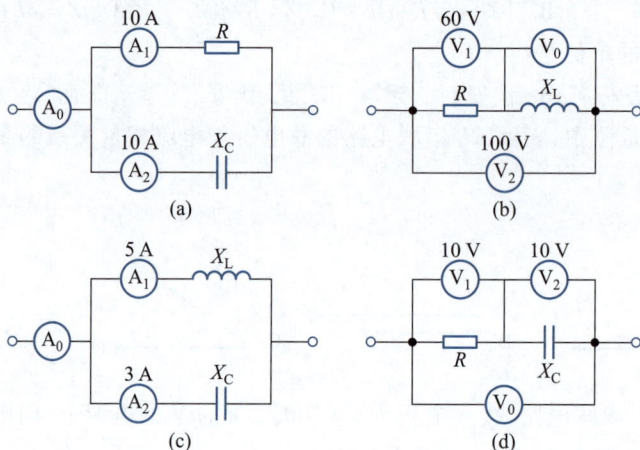

图 6.48

10. 已知 RL 串联电路,$R=4\,\Omega$,$X_L=3\,\Omega$,电感上的电压 $U_L=60$ V,求电阻上的电压和总电压。

11. 额定容量为 40 kVA 的电源,额定电压为 220 V,专供照明用。

(1) 如果照明用 220 V、40 W 的普通白炽灯,最多可点多少盏?

(2) 如果照明灯用 220 V、40 W、$\cos\varphi=0.5$ 的荧光灯,最多可点多少盏?

12. 图 6.49 中通过电感的电流是多少? 电容两端的电压是多少?

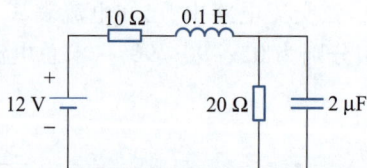

图 6.49

项目 7

提高用电效率

做什么

微课
项目引入

功率因数是电力系统的一个重要的技术数据,它衡量着系统对电源的利用程度。先简单地给出一个例子:三峡水电站的容量约为 2 000 万千伏安,若线路的功率因数 $\cos \varphi = 1$,那么提供给用户的有功功率就是 $P = S\cos \varphi = 2\ 000$ 万千瓦。若线路的功率因数降到 $\cos \varphi = 0.6$,那么提供给用户的有功功率就只有 $P = S\cos \varphi = 1\ 200$ 万千瓦。功率因数低造成的危害一目了然。

来仿真

1. 元器件清单

那怎么提高用电效率?仍旧通过对荧光灯电路的仿真来看看提高功率因数的措施与效果。仿真元器件清单见表 7.1。

表 7.1　功率因数的提高仿真元器件清单

名称	型号、参数	数量	Proteus 软件中对应元器件名
按键	自锁按键	1	BUTTON
电阻	100 Ω	1	RES
电感	470 mH	1	INDUCTOR
电容	4 μF	1	CAP

2. 仿真制作

从 Proteus 软件的元器件库中选取表 7.1 中的元器件,按照图 7.1 所示电路在 Proteus 软件中放置元器件,设置参数,连线。添加正弦信号,并赋予幅值是 311 V(其有效值是 220 V),频率是 50 Hz。这里在荧光灯电路两端并联了一个 4 μF 的电容。在左边仪器仪表菜单里选取交流电压表 AC VOLTMETER 和交流电流表 AC AMMETER,将两个交流电压表分别并联于电阻与电感两端,将交流电流表串联在并联电容后的总电路中。这时电路连接就完成了,按下仿真按钮,观察项目的仿真演示效果。

先不按下按键,此时电容没有并联在荧光灯电路两端,如图 7.1 所示,交流电压表测得电阻两端电压 U_R 为 122 V,电感两端电压 U_L 为 181 V,交流电流表测得线路电流为 1.22 A。这里测得的都是交流电的有效值。

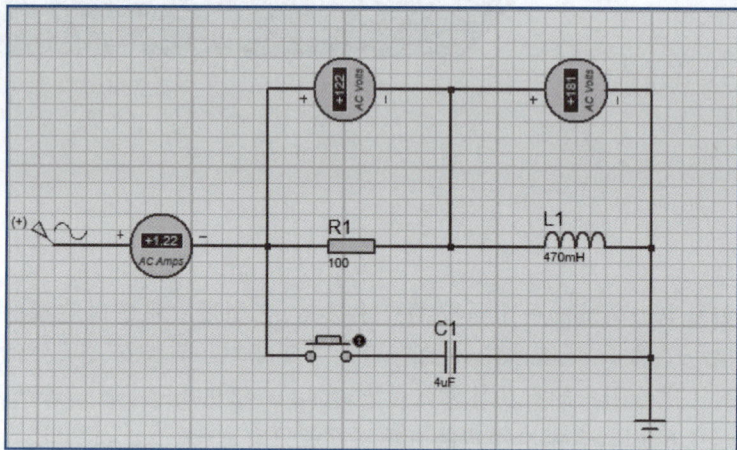

图 7.1   未并联电容的荧光灯电路仿真

然后按下按键,将 4 μF 电容并联在荧光灯电路两端,如图 7.2 所示。交流电压表测得电阻两端电压 U_R 和电感两端电压 U_L 保持不变,交流电流表测得线路上的总电流从 1.22 A 降低为 1.00 A。

3. 功率因数提高的原理分析

通过仿真发现并联电容后,电阻与电感上的电压保持不变,这说明荧光灯在并联电容后维持原来的工作状态,既不会更亮,也不会更暗。而线路总电流降低,这说明交流电源发出的视在功率降低了。视在功率等于电源电压乘以电源电流。设并联电容前的视在功率为 S_1,则

$$S_1 = 220 \times 1.22 \text{ VA} = 268.4 \text{ VA}$$

并联电容后的视在功率为

$$S_2 = 220 \times 1.00 \text{ VA} = 220 \text{ VA}$$

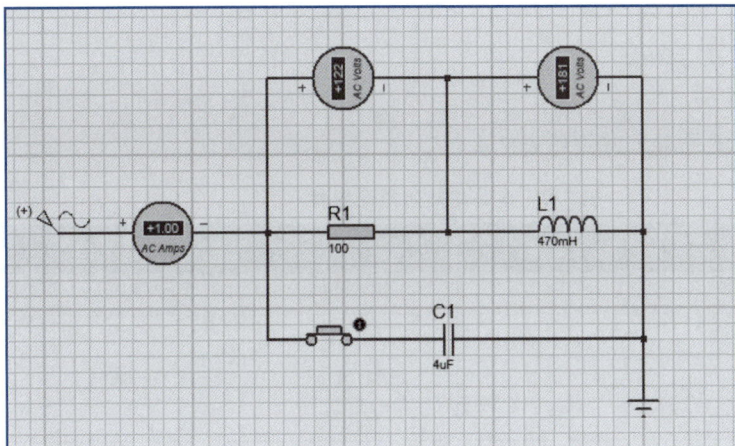

图 7.2　并联电容后荧光灯电路仿真

由于线路的有功功率只是由电阻消耗的,新加入的电容不会消耗有功功率。所以并联电容前后的有功功率都是恒定的,其值为电阻上的电压与电流的乘积,为

$$P = 122 \times 1.22 \text{ W} = 148.84 \text{ W}$$

而功率因数为

$$\cos \varphi = \frac{P}{S}$$

则电容补偿前的功率因数

$$\cos \varphi_1 = \frac{P}{S_1} = \frac{148.84}{268.4} = 0.55$$

补偿后的功率因数

$$\cos \varphi_2 = \frac{P}{S_2} = \frac{148.84}{220} = 0.68$$

补偿后的电流 I 会大大下降,此时视在功率会大大下降;但补偿后灯管亮度不变,即灯管消耗的有功功率仍是补偿前的有功功率,所以补偿后功率因数应大大提高。

动手做

1. 电路原理图

图 7.3 所示为利用电容补偿来提高荧光灯功率因数的电路。

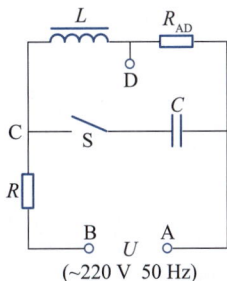

图 7.3　提高荧光灯功率因数电路

2. 准备元器件

电路搭建所需元器件见表7.2。

表 7.2 电路搭建所需元器件

名称	参数	数量	名称	参数	数量
荧光灯管		1	导线		若干
镇流器		1	端子排		1
辉光启动器		1	采样电阻	10 Ω、2 W	1
电容	4 μF、400 V	1	万用表		1

3. 搭建电路

实训电路如图7.3所示。图中电容器 C 用于功率补偿,10 Ω、2 W 的取样电阻 R 用于间接测量干路电流,D 点至镇流器的连线是专为方便测量镇流器两端电压而设立的。

在图 7.3 中,断开 S,在 AB 两端通入单相交流电,灯管被启动点亮。接通 S,并入合适的电容 C(并入 4 μF、400 V 电容器),通过测量取样电阻两端的电压估算出干路的电流,并联电容,造成总电流大大降低,可提高电路的功率因数。

学知识

1. 交流电路功率因数低的原因

由前面的讨论可知电路的功率因数等于有功功率(或平均功率)与视在功率的比值,即

$$\cos \varphi = \frac{P}{UI} = \frac{P}{S} \tag{7.1}$$

根据电压三角形和阻抗三角形,功率因数也可以表示为

$$\cos \varphi = \frac{U_R}{U} = \frac{R}{|Z|} \tag{7.2}$$

可见,电路功率因数的大小取决于电路中负载的性质和参数。例如,电阻炉和白炽灯可看成是电阻负载,它们只消耗电能,$\cos \varphi = 1$;荧光灯里的镇流器是一个很大的电感,因而造成荧光灯电路的功率因数在 0.3 ~ 0.5 之间;而大量使用的交流异步电动机可以看成是电阻与电感的串联,它既要消耗电能带动机械转动,又要与电源进行能量交换,其功率因数一般较低,在 0.5 ~ 0.85 之间。

功率因数小于1,说明电源与负载之间发生能量交换,出现了无功功率 $Q = UI\sin \varphi$,这将会给供电系统带来不良影响。

在实际供电线路中,功率因数低的根本原因是线路上接有大量的电感性负载,它们通过线路与发电设备进行大量的能量交换,使线路中电流增加,造成功率因数下降。

2.　为什么要提高功率因数?

（1）降低用电成本

提高功率因数最终是为用户服务的。功率因数指标越接近1,对供电部门和用户越有利。想方设法提高功率因数,有哪些好处?

最直观的效益是降低电费。供电部门对用户用电都规定了一个功率因数的指标,企业用户每月缴纳的电费是与这个指标相关的。也就是说,没有达到供电局功率因数指标的用户,电费单上会有惩罚性的电费支出。而功率因数高,超出供电部门设定的奖励指标而接近1时,供电部门会给予奖励。

（2）提高设备效率

提高功率因数能够提高变压器、电缆等设备输送有功电能的能力。如图7.4(a)所示,正常情况下通过变压器对负载提供电能,包括有功电能和无功电能。这是因为企业大多是用电动机作为机械的原动机,而电动机是感性负载,功率因数不高。再看图7.4(b),给负载提供了一套无功补偿设备,负载只需从变压器获取有功电能即可。很显然,这种方式负载从变压器获得的电能将会减少,那么变压器传输的有功电能将会增加。用无功补偿设备提高功率因数将会提高变压器的效率。

如果换一个角度,从用户端来看,通过现场无功补偿,功率因数提高后,设备只需从系统获取有功电能。

此时变压器的容量可以选小一点,电缆的容量也可以选小一点。在一定的电源电压下如果向负载输送一定的平均功率 P ,则供电线路上的电流为 $I = \dfrac{P}{U\cos\varphi}$,提高功率因数就是降低线路上的电流。这样就降低了变压器的容量、输电线上的电压损失和功率损失,从而降低了在变压器和电缆上的投资。

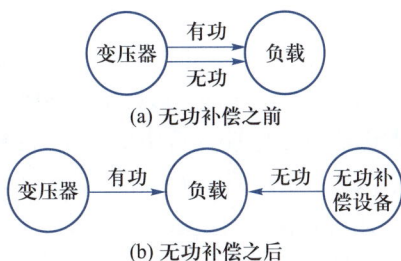

图 7.4　提高设备效率示意图

总结一下提高功率因数后,用户将会获得的收益。

① 降低电费支出成本。

② 减少用电设备的投资损耗。

③ 减小电缆尺寸。

④ 减小电缆损耗。

⑤ 增加可用功率。

这就是提高功率因数用户能够获得的收益。最后浓缩成两个字,那就是效率。提高功率因数既能降低用电成本,又能大大提高供电设备的效率,具有显著的社会效益。

3. 提高功率因数

提高功率因数,就是在不改变感性负载原有电压、电流并保证感性负载同样能取得所需无功功率的条件下,通过在感性负载两端并联电容来提高整个电路的功率因数。并联电容后减少了感性负载与电源的能量交换规模,具体电路及各电量的相量关系如图7.5所示。

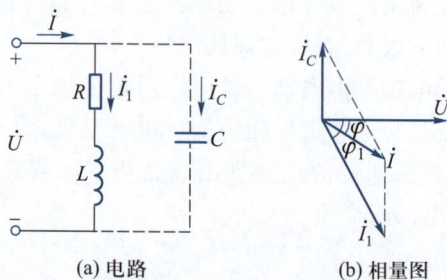

（a）电路　　　（b）相量图

图 7.5　功率因数的提高

并联电容后,感性负载的电流和功率因数不变,仍为

$$I_1 = \frac{U}{\sqrt{R^2 + X_L^2}} \quad 及 \quad \cos \varphi_1 = \frac{R}{\sqrt{R^2 + X_L^2}}$$

电源电压和线路电流之间的相位差 φ 变小,即 $\cos \varphi$ 变大了。此时电源与负载之间的能量交换减少,感性负载所需无功功率的大部分或全部由并联电容供给,也就是说,能量交换主要或完全在感性负载和电容之间进行,因而使电源设备的负担减轻。从图7.5(b)中相量图也可以看出,并电容前,电源的功率因数就是负载的功率因数 $\cos \varphi_1$,电源电流就是感性负载中的电流 I_1;并电容后,由于电源供给的无功功率减少,使得电源电流 I 小于负载电流 I_1,电源的功率因数由原来的 $\cos \varphi_1$ 增大到 $\cos \varphi$。

并联电容的大小取决于提高后的功率因数,在电源电压 U 和负载的平均功率 P 一定的条件下,功率因数由 $\cos \varphi_1$ 提高到 $\cos \varphi$。所需电容 C 的大小可用下面的方法计算。

由图7.5(b)可以看出,通过电容的电流为

$$I_C = I_1 \sin \varphi_1 - I \sin \varphi$$

$$= \frac{P}{U \cos \varphi_1} \sin \varphi_1 - \frac{P}{U \cos \varphi} \sin \varphi$$

$$= \frac{P}{U} (\tan \varphi_1 - \tan \varphi)$$

又因为 $I_C = \dfrac{U}{X_C} = \omega C U$,代入上式可解出

$$C = \frac{P}{\omega U^2} (\tan \varphi_1 - \tan \varphi) \tag{7.3}$$

上述提高功率因数的方法是用容性无功功率去补偿感性无功功率,以减轻电源的负担,这个电容一般称为补偿电容。实际上,对于每个感性负载都并上一个电容来提

高功率因数是不经济的,一般采用集中补偿的方法,即对于每个用电单位,集中用一组电容来补偿该单位中所有的感性负载的无功功率。从理论上讲,将 $\cos\varphi$ 提高到 1 时,电源设备可以最充分的利用,但从经济指标上讲,供电部门只要求用户将 $\cos\varphi$ 提高到 0.9 以上。

小 经 验

功率因数能补偿到 1 吗？要将功率因数补偿到 1,理论上电容应该取得很大,这是不太现实的,一般功率因数提高到 0.9-0.95 之间就可以了。而且,功率因数为 1 时可能会发生一种特殊的现象,称为并联谐振,此时电感和电容上的电流极有可能超出线路总电流的许多倍,在电气系统中可能对设备和人员造成极大的伤害,非常危险,一定要避免。

实际问题 7.1 一台容量为 10 kVA 的发电机 $U_N = 220$ V,$f = 50$ Hz,给某电感性负载供电,其功率因数 $\cos\varphi_1 = 0.6$。如果负载不变,并联补偿电容到 0.9,所加的电容器的电容量该设计多大？

解决问题: 根据经验性公式 $$C = \frac{P}{\omega U^2}(\tan\varphi_1 - \tan\varphi)$$

$P = S \times \cos\varphi_1 = 10 \times 0.6 = 6$ kW

$\omega = 2\pi f = 2 \times 3.14 \times 50 = 314$ rad/s

$\sin\varphi_1 = \sqrt{1 - \cos^2\varphi_1} = \sqrt{1 - 0.6^2} = 0.8$

$\tan\varphi_1 = \dfrac{\sin\varphi_1}{\cos\varphi_1} = \dfrac{0.8}{0.6} = 1.33$

$\sin\varphi = \sqrt{1 - \cos^2\varphi} = \sqrt{1 - 0.9^2} = 0.44$

$\tan\varphi = \dfrac{\sin\varphi}{\cos\varphi} = \dfrac{0.44}{0.9} = 0.48$

$C = \dfrac{P}{\omega U^2}(\tan\varphi_1 - \tan\varphi) = \dfrac{6}{314 \times 220^2}(1.33 - 0.48) = 0.34\ \mu F$

所以,补偿电容需设计到 0.34 μF。

项目小结

微课
项目小结

本项目探究了功率因数的意义和提高功率因数的必要性,并对功率因数过低的问题提出了具体的解决方法。

习题

一、填空题

1. RL 串联电路的复数阻抗为 $Z = 3 + j4$ Ω,则电路的电阻为_____Ω,电抗为_____Ω,阻抗的模为_____Ω,功率因数为_____。

2. 通常在感性电路中采用_____的方法来提高功率因数。

3. 图 7.6 所示电路消耗的无功功率 $Q =$ _____。

二、多选题

1. 感性负载并联了电容器后下列参数有变化的是(　　)。

A. 电路的总电流　　　B. 总的视在功率　　　C. 有功功率　　　D. 无功功率

2. 低功率因数的不利表现有(　　)。

A. 线路的电流大　　　B. 线路的电流小　　　C. 线路的铜损大　　D. 投资高

3. 影响线路功率因数的主要原因有(　　)。

A. 异步电动机及变压器的负载情况　　　　B. 供电电压

C. 电阻性负载增大　　　　　　　　　　　D. 电感性负载增大

4. 提高功率因数的意义有(　　)。

A. 减少了电力系统中无用功率,避免了被供电局罚款

B. 减少供电系统中的电压损失,可以使负载电压更稳定,改善电能的质量

C. 能够提高企业用电设备的利用率,充分发挥企业的设备潜力

D. 能够有效地减少线路的功率损失,减少了用户的电费支出

三、计算题

1. 图 7.7 所示二端网络 N 中,已知 $\dot{U} = 100 \underline{/30°}$ V, $Z = 10 \underline{/30°}$ Ω,求此网络吸收的无功功率 Q。

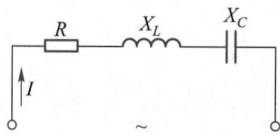

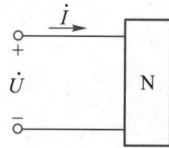

图 7.6　　　　　　　　　图 7.7

2. 把一盏荧光灯(感性负载)接到 220 V、50 Hz 的电源上。已知电流有效值为 0.366 A,功率因数为 0.5,现要将功率因数提高到 0.9,应当并联多大的电容?

3. 功率为 40 W、功率因数为 0.5 的荧光灯 100 盏与功率为 100W 的白炽灯 40 盏并联在电压为 220 V 的工频交流电源上,求总电流及总功率因数;如果把电路的功率因数提高到 0.9,问应并联多大的电容?

4. 一台容量为 10 kV·A 的发电机 $U_N = 220$ V, $f = 50$ Hz,给某感性负载供电,其功率因数 $\cos \varphi_1 = 0.6$。

(1) 当发电机满载(输出额定电流)运行时,输出的平均功率是多大? 线路电流是多大?

(2) 若负载不变,并联补偿电容将功率因数提高到 0.9,所需电容量是多大? 此时线路电流是多大?

5. 某感性负载外施端电压 $U = 220$ V, $f = 50$ Hz 的正弦电源,其有功功率 $P = 100$ W, $\cos \varphi_1 = 0.8$,如要将功率因数 $\cos \varphi_2$ 提高到 0.9(电感性),则应并联多大电容?

选择想听的电台——串联谐振

做什么

微课
项目引入

许多人都听过有关共振的一个故事。19 世纪初的一天,一座 102 m 长的桥上有一队士兵经过。当他们在指挥官的口令下迈着整齐的步伐过桥时,桥梁突然断裂,造成许多官兵丧生。造成这次惨剧的罪魁祸首,正是共振。因为大队士兵迈正步走的频率正好与大桥的固有频率一致,使桥的振动加强,以致超过桥梁的抗压力时,桥就断了。所以后来各国都规定队伍过桥时要便步通过。

"共振"是物理学里的一个概念,当外力的频率与系统固有频率相等时,系统振动的幅度最大。电路里的"谐振"其实也是这个意思:当外部激励的频率等于电路的固有频率时,电路的电磁振荡的振幅也将达到峰值。由此可以展开联想,共振现象在声学中又称为"共鸣",人际交流时的"共鸣""共情"等说法也是借此意进行的比喻。现在回到电学中的"谐振"。谐振现象是交流电路中的一种特殊现象。发生谐振时电路中电感或电容上产生的电压或电流可能高出电源电压或电流的许多倍。这在电力系统中是非常危险的。然而在电子系统中,谐振却得到广泛的应用。比如在无线电接收机中常被用来选择信号,就是常说的选台。周围存在着各种各样的无线电信号,收音机的选台旋钮是一个可调电容。当电容调到某个容量时,收音机本身的频率与此时空中的某个无线电信号正好一致。此时这个信号就被选中、放大,而其他信号则被抑制,这样就选择到一个电台了。

来仿真

1.   元器件清单

通过仿真来看谐振的特点和功能。按照图 8.1 所示串联谐振电路列出串联谐振仿真所需元器件,见表 8.1。

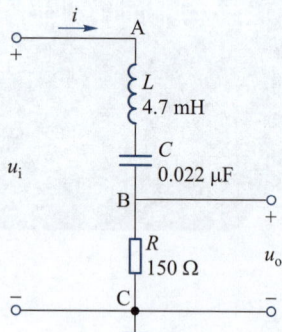

图 8.1   串联谐振电路

表 8.1   串联谐振仿真元器件清单

序号	名称	型号、参数	数量	Proteus 软件中对应元器件名
1	电容	$0.022\,\mu F$	1	CAP
2	电阻	$150\,\Omega$	1	RES
3	电感	$4.7\,mH$	1	INDUCTOR

微课
仿真制作

2.   仿真制作

从 Proteus 软件的元器件库中选取表 8.1 中的元器件,按照图 8.1 所示电路在 Proteus 软件中放置元器件、地,设置参数,连线。先估算该电路的谐振频率。

$$f_0 = \frac{1}{2\pi\sqrt{LC}} = \frac{1}{2\times3.14\sqrt{4.7\times10^{-3}\times0.022\times10^{-6}}}\ \text{Hz} \approx 15.7\ \text{kHz}$$

然后,在这个频率附近进行仿真。

点击信号源,将正弦波信号的幅值设为 1 V,频率设为 15.7 kHz。在工具栏的仪器中找到示波器 OSCILLOSCOPE,也把它放在原理图画布上。把信号源连到示波器的通道 A,电阻上的输出电压连到示波器的通道 B。保存文件,按下左下角的仿真按钮,示波器出现两个清晰的输入、输出波形。这两个波形同频率、同幅值、同相位,可以完美地重合,如图 8.2 所示。

证明此时 RLC 串联电路的总电压等于电阻上的电压,电容与电感上的电压是抵消的。所以 15.7 kHz 是该电路的谐振频率。

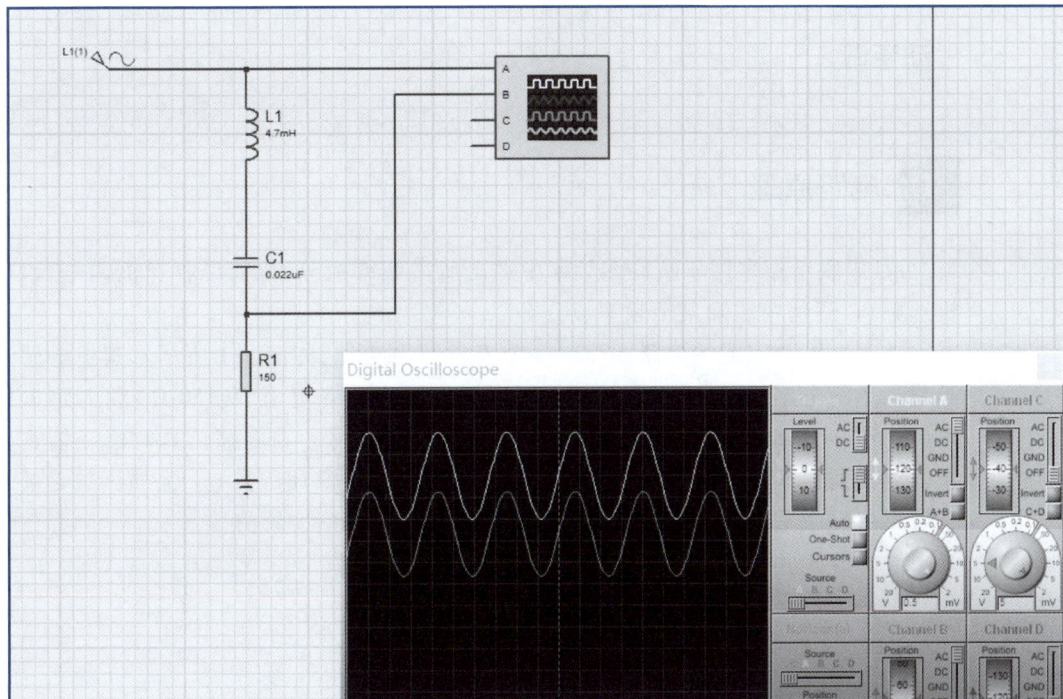

图 8.2　串联谐振仿真电路

3.　谐振的原理分析

在具有电感和电容元件的电路中,电路两端的总电压与电路中的电流一般是不同相的,当调节电感、电容或者调节电源的频率使总电压相量与电流相量同相时,电路中就产生了谐振现象。产生谐振现象时的电路称为谐振电路。研究谐振的目的就是要认识这种客观现象,并在生产上充分利用谐振特性,同时又要预防它所产生的危害。

电路发生谐振必须满足两个基本条件。一是电路中同时具有电感和电容,如图 8.3 和图 8.4 所示;二是电路的总电压与电流必须同相,如图 8.5 所示。按照发生谐振的电路不同,谐振可分为串联谐振和并联谐振,下面主要讨论串联谐振。

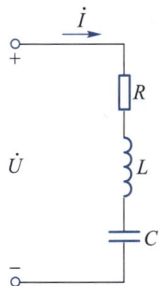

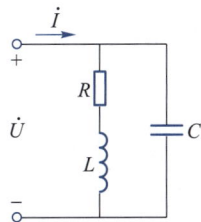

图 8.3　串联谐振　　　图 8.4　并联谐振　　　图 8.5　发生谐振时电压与
　　　　　　　　　　　　　　　　　　　　　　　　　　　　电流的相位关系

动手做

1. 电路原理

LC 串联谐振多用于从许多频率中选出所需频率成分,比如说收音机调电台、电视机选频道、通信中滤除某个频率成分等。

这是今天要完成的电路图——一个 RLC 串联电路,如图 8.1 所示。其中电感 L 并不是一个纯电感,所以电路中总的损耗电阻实际上包含电阻 R(150 Ω)和电感 L 的电阻(约 50 ~ 70 Ω)。图中 u_i 是输入信号,u_o 是输出信号。在电路仿真时已经估算了这个电路的谐振频率为 15.7 kHz。同时估算一下回路的品质因数 Q。品质因数是关乎选台效果的一个重要参数。Q 越大,串联谐振电路的选择性越强。

$$Q = \frac{1}{R}\sqrt{\frac{L}{C}} = \frac{1}{150+60}\sqrt{\frac{4.7\times10^{-3}}{0.022\times10^{-6}}} = 2.17$$

式中,电感 L 的电阻值取 60 Ω。

2. 准备元器件

电路搭建所需元器件见表 8.2。

表 8.2　电路搭建所需元器件

序号	名称	型号、参数	数量
1	电容	0.022 μF	1
2	电阻	150 Ω	1
3	电感	4.7 mH	1

微课
电路搭建

3. 搭建电路

在调谐过程中,调节信号源的频率时应缓慢而仔细,注意观察 u_i 和 u_o 的相位,刚好同相为好。

在观察两个波形的相位时,示波器 CH1 和 CH2 的信号输入馈线必须要有共地端,否则无法测试。

谐振频率　$f_0 = \dfrac{1}{2\pi\sqrt{LC}} = \dfrac{1}{2\times3.14\sqrt{4.7\times10^{-3}\times0.022\times10^{-6}}} \approx 15.7 \text{ kHz}$

① 按图 8.1 连接实训电路。

② 将信号发生器输出信号 f_i 接至电路输入 A、C 端,调节信号发生器输出信号幅度 U_{im} 至 1 V 左右;用示波器 CH1 通道观察输入信号电压 u_i 波形;CH2 通道观察电阻

两端电压 u_o 波形,如图 8.6 所示。

③ 调节信号发生器 f_i 使其频率在 15 kHz 附近反复调试,直至观察到电阻上的电压波形 u_0 和输入信号电压波形 u_i 同相时,如图 8.7 所示,此时信号发生器输出信号的频率即为谐振频率 f_0。

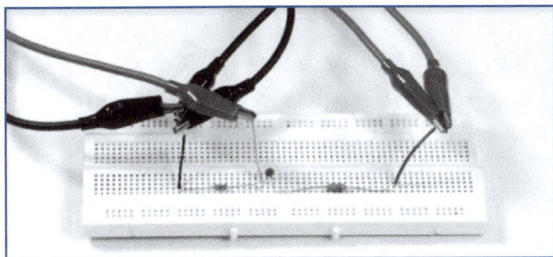

图 8.6　测量谐振频率的电路

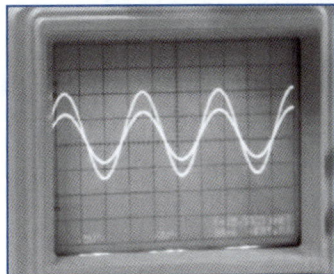

图 8.7　谐振时总电压与
电阻上的电压同相

去拓展

为计算谐振时的品质因数,需测量电容上的电压。因为示波器 CH1 和 CH2 的黑夹子共地,所以应交换电路中 R 与 C 的位置,如图 8.8 所示。测出谐振时 u_i 和电容 C 上的电压 u_C 波形与幅值,如图 8.9 所示。从波形图上读出电容电压的幅值与总电压的幅值,从而求出品质因数 $Q = \dfrac{U_C}{U}$。

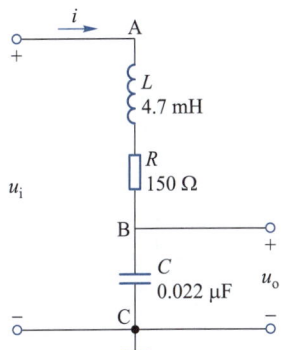

(a) 电路原理图

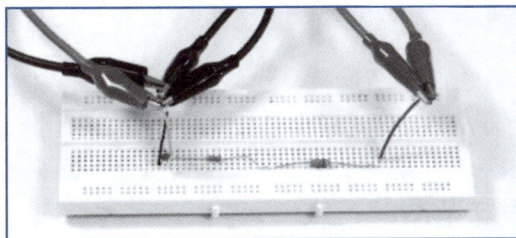

(b) 电路接线

图 8.8　测量品质因数的电路图

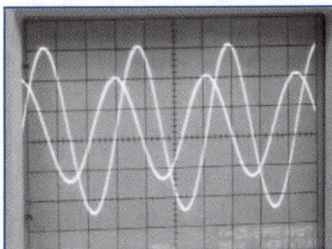

图 8.9　谐振时电容电压滞后总电压 90°

学知识

1. 串联谐振条件

图 8.10(a)所示为 RLC 串联电路相量模型,在讨论 RLC 串联电路时已知道,当 $X_L = X_C$ 时,$\varphi = 0$,此时阻抗最小,电路呈电阻性,这时称电路发生了串联谐振,发生谐振时的相量图如图 8.10(b)所示。

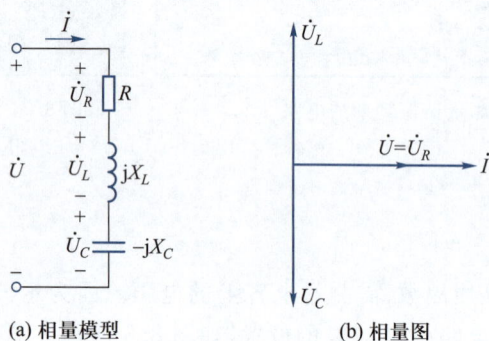

(a) 相量模型   (b) 相量图

图 8.10   串联谐振

当发生串联谐振时,因 $\dot{U}$ 与 $\dot{I}$ 同相,这时电路的等效复数阻抗其虚部应等于零,即

$$X_L = X_C \quad \text{或} \quad \omega L = \frac{1}{\omega C} \tag{8.1}$$

将上式整理后可得

$$\omega_0 = \frac{1}{\sqrt{LC}} \quad \text{或} \quad f_0 = \frac{1}{2\pi\sqrt{LC}} \tag{8.2}$$

式中,ω_0 和 f_0 分别称为谐振角频率和谐振频率。

2. 串联谐振的特性

① 谐振时 $X_L = X_C$,电路阻抗为

$$Z = R + j(X_L - X_C) = R$$

② 在电源电压不变的情况下,因阻抗值最小,故这时电流值达到最大。

$$I = I_0 = \frac{U}{R}$$

③ 由于 $X_L = X_C$,所以电感两端与电容两端的电压有效值大小相等,相位相反,即 $\dot{U}_L = -\dot{U}_C$,这时总体对外呈抵消状态,故此时电源电压 $\dot{U} = \dot{I}_0 R = \dot{U}_R$。但若 $X_L = X_C \gg R$,则 $U_L = U_C \gg U$,即出现了电路中部分电压远大于电源电压的现象,基于此有时又将串联谐振称为电压谐振。电感或电容上产生过电压可能会导致线圈和电容的绝缘被击

穿,将危及设备和人身安全,对此要有充分的认识和注意。

④ 因谐振时电流与总电压同相,故阻抗角 $\varphi=0$,电路呈纯电阻性,电路的有功功率为

$$P = UI\cos\varphi = UI = S$$

而无功功率

$$Q = UI\sin\varphi = 0$$

这说明在串联谐振时电源供给的能量全部是有功功率并被电阻所消耗,电源与电路之间不发生能量的互换,能量的互换仅发生在电感线圈与电容器之间。

⑤ 发生串联谐振时,电感电压或电容电压的有效值与总电压有效值之比等于电路的品质因数 Q。即

$$Q = \frac{U_L}{U} = \frac{U_C}{U} = \frac{IX_L}{IR} = \frac{X_L}{R} = \frac{X_C}{R} = \frac{\omega_0 L}{R} = \frac{1}{\omega_0 CR} = \frac{1}{R}\sqrt{\frac{L}{C}} \tag{8.3}$$

品质因数表明在串联谐振时,电感或电容元件上的电压是总电压的 Q 倍。

关于 LC 回路的品质因数 Q 的物理意义,它表示 LC 回路在一个周期中损耗能量的快慢程度,其值为回路储存的总能量与一个周期内损耗的能量之比。

小　经　验

1. RLC 串联电路中,u 与 i 同相,代表电路发生串联谐振。

2. RLC 串联电路中,i 达到最大值,同样代表电路发生串联谐振。

例 8.1　RLC 串联工频交流电路中,已知电源电压 $U=220$ V,电流 $I=10$ A,且 u 与 i 同相,电感电压 $U_L=471$ V,求 R、L、C 值。

解:因为电路发生谐振,故有

$$R = \frac{U}{I} = \frac{220}{10} = 22\ \Omega$$

$$\omega L = \frac{U_L}{I} = \frac{471}{10}\ \Omega = 47.1\ \Omega, \quad L = \frac{47.1}{314}\ \text{H} = 0.15\ \text{H}$$

$$\frac{1}{\omega C} = \omega L = 47.1\ \Omega, \quad C = \frac{1}{314 \times 47.1}\ \text{F} = 67.6\ \mu\text{F}$$

例 8.2　图 8.11 所示正弦交流电路,已知 $u = 100\sqrt{2}\sin 10^4 t$ V,电容调至 $C = 0.2\ \mu\text{F}$ 时,电流表读数最大,$I_{\max} = 10$ A,求 R、L。

解:由

$$I = \frac{U}{\sqrt{R^2 + \left(\omega L - \frac{1}{\omega C}\right)^2}}$$

可知,当 $\omega L = \dfrac{1}{\omega C}$ 时,电路发生串联谐振,电流 I 有最大值,

故　　　　　　$$R = \frac{U}{I_{\max}} = 10\ \Omega$$

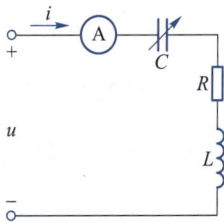

图 8.11　例 8.2 电路

$$L = \frac{1}{\omega^2 C} = \frac{1}{10^8 \times 0.2 \times 10^{-6}} = 0.05 \text{ H}$$

实际问题 8.1　无线电信号的接收与选台。串联谐振在无线电工程中的应用比较广泛。例如收音机的接收电路就是利用串联谐振来选择电台信号的,每个电台都有它自己的广播频率,即发射不同频率的电磁波信号。

各种频率信号经过收音机天线时,如图 8.12(a)中所示,就会在天线线圈 L_1 中感应出各种频率的电信号,由于天线线圈与 LC 电路的互感作用,又在 LC 回路中感应出不同频率的电信号 u_1、u_2、$u_3 \cdots$,其示意图如图 8.12(b)所示。如果调节可变电容 C,使电路对某一电台频率信号产生谐振,那么这时 LC 回路中该频率的信号最大,在可变电容两端这种频率的电压也就最高。该频率的电压再经过处理与放大,然后转变成声音传播出来,人们就接收到了这种频率的广播节目。而对于其他频率

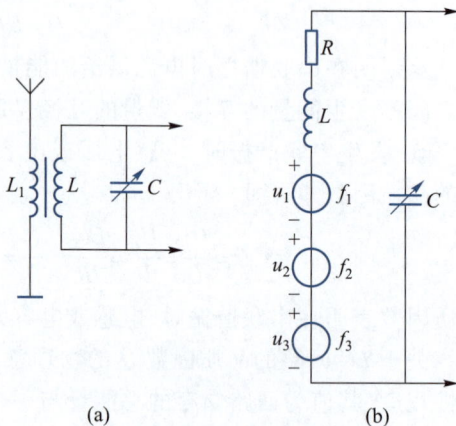

图 8.12　收音机接收电路

的信号,虽然也出现在收音机的接收电路中,但由于电路对它们没有发生谐振,电路呈现的阻抗很大,电流很小,在可变电容两端产生的电压很低,所以人们也就收听不到这些频率的广播节目,这样接收电路就起到了选择某电台信号而抑制其他电台信号干扰的作用。

最后,再来讨论一下有关谐振曲线方面的一些内容。在 RLC 串联电路中,在电压一定条件下,对应于不同频率可求出不同的电流有效值。把电流与频率之间的关系曲线称为谐振曲线,如图 8.13(a)所示。

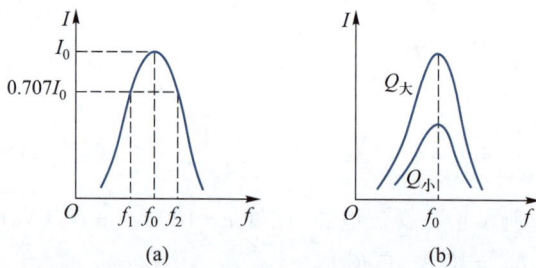

图 8.13　谐振曲线

在谐振曲线中,把电流值等于谐振电流 I_0 的 70.7%(或 $\frac{1}{\sqrt{2}}$)的两处频率值分别称为下限频率 f_1 和上限频率 f_2,它们之间的频率间隔称为通频带宽度 f_{bw},即

$$f_{\text{bw}} = \Delta f = f_2 - f_1 \tag{8.4}$$

它是一个反映交流电路对信号频率适应能力的指标。

另外,谐振曲线的尖锐或平坦与电路的品质因数 Q 有关,如图 8.13(b)所示,在 L、C 不变的条件下,品质因数 Q 值越大,说明电路中 R 越小,电流值就越大,谐振曲线也

就越尖锐,这时在电容 C 两端的电压值 U_C 也就越大,因此 Q 值越大,串联谐振电路的选择性就越强。可以发现品质因数 Q、谐振频率 f_0 和通频带宽度 $f_{bw}(\Delta f)$ 之间存在如下关系:

$$Q = \frac{f_0}{\Delta f} \tag{8.5}$$

例 8.3　一台收音机磁棒线圈的等效电阻 $R = 20\ \Omega$,电感 $L = 250\ \mu H$,调节电容器用以收听某电台 990 kHz 的节目,求这时的电容值及电路的品质因数。

解: 由 $f_0 = \dfrac{1}{2\pi\sqrt{LC}}$ 可得

$$C = \frac{1}{(2\pi f_0)^2 L} = \frac{1}{(2\pi \times 990 \times 10^3)^2 \times 250 \times 10^{-6}} = 103.4\ \text{pF}$$

电路的品质因数为

$$Q = \frac{\omega_0 L}{R} = \frac{2\pi \times 990 \times 10^3 \times 250 \times 10^{-6}}{20} = 77.8$$

项目小结

微课
项目小结

本项目通过串联谐振电路的实现和相关知识点的学习,掌握了串联谐振发生的条件、特征及应用。掌握了通过调节选台旋钮(即电容)来使电路发生谐振,并调整参数,得到较高的品质因数,以得到更好的选台效果。

习题

一、填空题

1. RLC 串联电路中,当电源频率高于电路谐振频率时,电路呈 _____ 性。RLC 并联电路中,当电源频率高于电路谐振频率时,电路呈 _____ 性。

2. RLC 串联电路中,$R = 10\ \Omega$,$L = 0.01\ H$,$C = 1\ \mu F$,电路的品质因数 $Q = $ _____。

3. RLC 串联电路中,当电源电压与 _____ 同相时电路便发生谐振,此时电感电压与电容电压大小 _____,相位 _____。

4. 串联谐振时,电感或电容两端的电压可能高出信号电压的许多倍,所以串联谐振又叫 _____。

5. 因为串联谐振时,$X_L = X_C$,故谐振时电路阻抗为 $|Z_0| = $ _____。

二、单选题

1. 谐振回路的主要特点是具有(　　)作用。

A. 选频　　　　B. 放大　　　　C. 滤波　　　　D. 储能

2. RLC 串联电路中,已知 $L = 0.05\ mH$,$C = 200\ \mu F$,则谐振频率 f_0 为(　　)。

A. 1 kHz　　　B. 1.592 kHz　　C. 10 kHz　　　D. 159.2 MHz

3. 已知收音机输入调谐回路的品质因数为 100,电台信号电压为 5 μV,则收音机在收到这个电台信号时,电容器两端电压可达(　　)。

A. 500 μV　　　　B. 50 μV　　　　C. 1/20 μV　　　　D. 20 μV

4. 图 8.14 所示电路的品质因数 Q 应等于(　　)。

A. 5　　　　　　B. 10　　　　　　C. 20　　　　　　D. 40

5. 图 8.15 所示电路的谐振频率应为(　　)Hz。

A. 2　　　　　　B. 0.5　　　　　　C. π　　　　　　D. $\dfrac{1}{4\pi}$

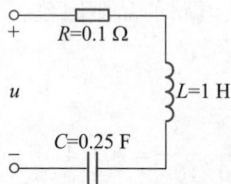
图 8.14

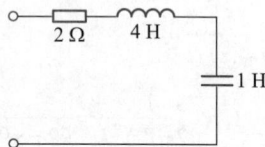
图 8.15

6. 可以通过改变电容来调节 RLC 串联电路的谐振频率,若要使谐振频率增大一倍,则电容应为原来的(　　)。

A. 4 倍　　　　　B. 2 倍　　　　　C. 1/2 倍　　　　　D. 1/4 倍

7. RLC 串联谐振电路的电感增至原来的 4 倍时,谐振频率应为原来的(　　)。

A. 4 倍　　　　　B. 2 倍　　　　　C. 1/2 倍　　　　　D. 1/4 倍

8. 若 RLC 串联电路的谐振角频率为 ω_0,则在角频率 $\omega>\omega_0$ 时电路呈现(　　)。

A. 纯电阻性　　　B. 电容性　　　C. 电感性　　　D. 不能确定的性质

三、计算题

1. 图 8.16 所示 RLC 串联电路,若复阻抗 $Z=10\underline{/0°}\ \Omega$,求正弦信号源 u 的角频率 ω。

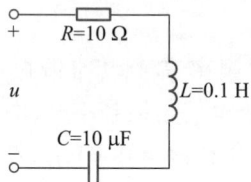
图 8.16

2. RLC 串联电路中电感 $L=10$ mH,如果要在频率为 10 kHz 时产生谐振,求电容值。

3. 串联谐振电路由 0.8 μF 电容、50 mH 电感和 20 Ω 电阻组成,试求该电路的谐振角频率 ω_0 和品质因数 Q。

做什么

　　三相正弦交流电路技术在发电及供电系统中得到了广泛的应用,例如工厂生产所用的三相电动机以及其他很多大型工业用电设备都是采用三相制供电,三相交流电也称为动力电。农场的照明系统和物料的升降控制是农场运行的重要组成部分。本项目将通过两个仿真实训来模拟农场照明系统的工作情况和物料升降的三相异步电动机正反转控制,学习三相交流电路的基本概念、三相电路的分析方法。

微课
项目引入

来仿真

一、照明系统故障分析

1. 元器件清单

　　通过仿真来看看农场照明系统的工作情况。仿真元器件清单见表 9.1。

表 9.1　农场照明系统仿真元器件清单

序号	名称	型号、参数	数量	Proteus 软件中对应元器件名
1	熔断器	40 A	3	FUSE
2	短路块		1	JUMPER

续表

序号	名称	型号、参数	数量	Proteus 软件中对应元器件名
3	灯泡	220 V	12	LAMP
4	开关		12	SW-SPST
5	三相电源		1	V3PHASE

微课
仿真制作

2. 仿真制作

从 Proteus 软件的元器件库中选取表 9.1 中的元器件,按照图 9.1 所示电路在 Proteus 软件中放置元器件,选择三相交流电源,设置参数和连线,进行电气规则检查,最后运行电路对农场照明系统进行仿真制作,观察项目的仿真演示效果,分别观察有中线和无中线在对称负载及不对称负载情况下的仿真效果。

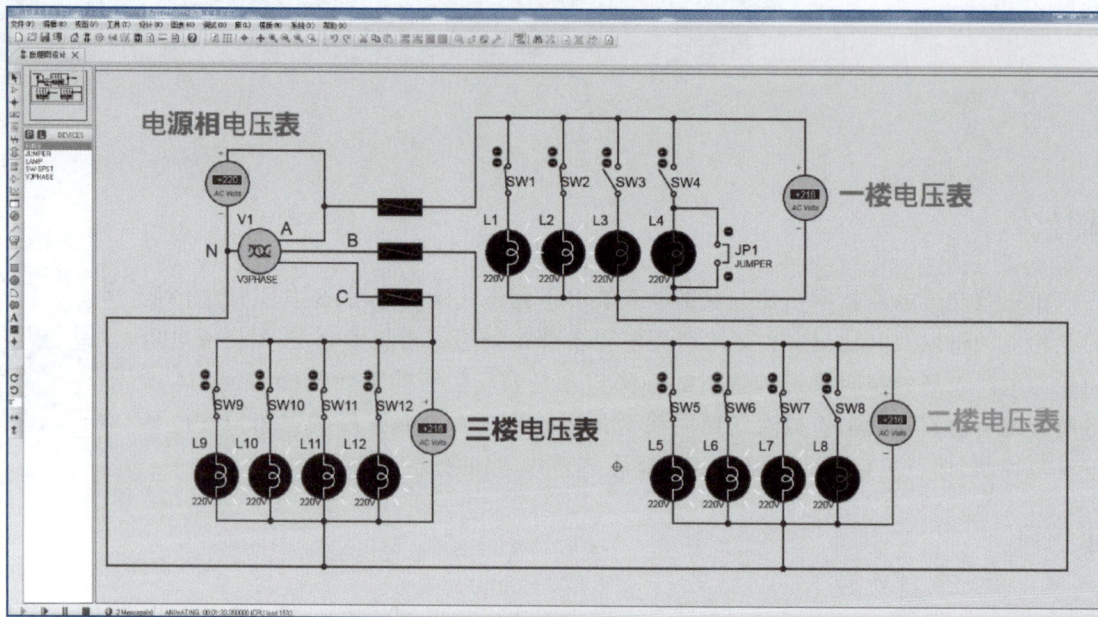

图 9.1　照明系统故障分析仿真电路

3. 照明系统故障原理分析

怎么保证农场照明系统的正常供电?如果在没有中线的情况下三相负载又不对称,电路会出现哪些异常情况?可以分别思考以下问题。

(1) 中线的作用是什么

具有中线情况下,无论接通哪层楼的一个或多个灯泡,每个灯泡的亮度都是一样的,并且各楼层电压表的读数均为 220 V 左右,这说明中线的存在保证了每相上的负载相同或不相同时都可以得到相同的 220 V 相电压,所以当某个灯泡接通后其亮度是一样的。

假如 A 相负载上某个灯泡由于某种原因被短路，仿真后可以看到 A 相的熔断器被烧断进行了 A 相保护，但其他 B、C 两相上的灯泡均工作正常，没有受到任何影响。

（2）如果在没有中线的情况下三相负载又不对称，电路会出现哪些异常情况

在没有中线的情况下，如果三层楼都接通相同数量的灯泡，比如四个，这时三个楼层的电压表读数仍然相同，约为 220 V，这说明在对称负载情况下，有无中线时负载的工作是一样的，但这绝对不能说明中线不重要。

再来看负载不对称的情况。假如一楼接通一盏灯，二楼接通三盏灯，三楼接通四盏灯，这时可以清楚地看到一楼的那盏灯特别亮，其两端电压达到了 288 V 左右，这超过了灯泡的额定电压 220 V，这样很容易将灯泡烧毁，而三楼的四盏灯均比原来暗了不少，其两端电压降到了 170 V 左右，这也不能满足额定电压要求，可以看出，如果在没有中线的作用下，三相负载又不对称，这时电路表现出加给某些相的电压特别高，而加到另外某些相的电压又特别低，这都不是正常的工作状态，容易烧毁电气设备。

可以得出一个重要结论：中线非常重要，它能保证给每相负载提供相同的相电压。所以，中线上不允许加装开关、熔断器等装置，也不允许断开。

二、物料升降控制电路

1. 元器件清单

通过仿真来看看农场物料升降控制系统的工作情况。表 9.2 列出仿真农场物料升降系统所需元器件。

表 9.2　农场物料升降控制系统仿真元器件清单

序号	名称	型号、参数	数量	Proteus 软件中对应的元器件名
1	三极开关		2	DIPSW-3
2	熔断器	100 A	3	FUSE
3	三相异步电动机	380 V	2	MOTOR-3PH
4	三相电源		1	V3PHASE

2. 仿真制作

微课
仿真制作

从 Proteus 软件的元器件库中选取表 9.2 中的元器件，按照图 9.2 在 Proteus 软件中放置元器件和三相电源，设置参数并连线，进行电气规则检查，最后运行电路，对农场物料升降控制系统进行仿真制作，观察项目的仿真演示，分别观察三相异步电动机正转和反转的仿真效果。

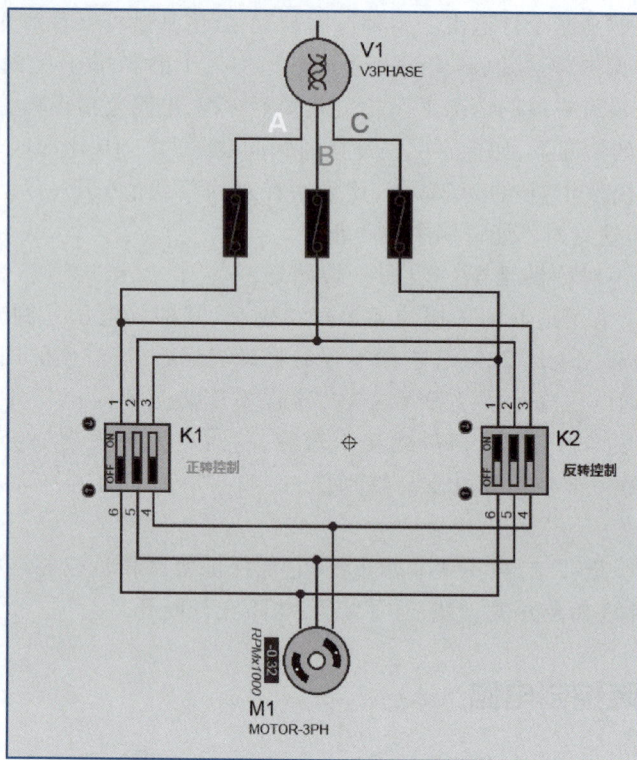

图9.2   物料升降控制系统仿真电路

3. 物料升降控制系统原理分析

物料升降主要是通过一台三相异步电动机的正转和反转来控制。可以分别思考以下问题。

（1）什么是三相电源的相序,它的作用是什么

对于一台三相异步电动机,给其通过相序不同的三相交流电,就可以改变电动机中旋转磁场的方向,从而使电动机按照生产要求带动物料进行上升或下降控制,完成生产过程。

一个实际的三相异步电动机正反转控制需要考虑自锁、互锁、点动运行、连续运行、过载保护等环节,控制电路比较复杂,由于受仿真条件限制,只能通过两个三极开关的闭合与断开,控制加给电动机的电源,并改变其电源的相序,从而改变电动机运行的方向。

电动机的正转控制仿真:当正转控制开关 K_1 接通而且反转控制开关 K_2 断开后,接入到三相异步电动机上三相电源的相序从左到右依次是 A、B、C,这时电动机出现了正转。

电动机的反转控制仿真:当正转控制开关 K_1 断开而且反转控制开关 K_2 接通后,接入到三相异步电动机上三相电源的相序从左到右依次是 C、B、A,这时电动机出现了反转。

（2）怎么改变三相电源的相序

三相异步电动机的运行方向是由通电后在其内部形成的旋转磁场的方向决定的，任意对调两根电源线，例如 A 和 C 互换，则电动机内部的旋转磁场方向就改变了，电动机也就改变了旋转方向，就可以对物料进行上升或者下降控制了。

学知识

1. 对称三相正弦交流电源

（1）对称三相正弦交流电源的产生与特征

三相正弦交流电压源可以是三相交流发电机，也可取自电力系统、变配电变压器的二次侧。三相交流发电机主要由定子和转子构成。定子铁心的内圆表面冲有槽，用以放置三相定子绕组。三相定子绕组是相同的，其首端分别标以 A、B、C，末端标以 X、Y、Z。三相绕组分别放置在定子铁心槽内，且首端或末端之间依序相互间隔120°。转子铁心上绕有直流励磁绕组，选用合适的极面形状和励磁绕组的布置，可以使发电机空气隙中的磁感应强度按正弦规律分布。三相定子绕组在同一旋转磁场中分别切割磁力线，产生三相对称的正弦交流电源，其中每相电源的频率相同、幅值相等、初相角依次相差120°。

三相交流发电机三相绕组的通常接法如图9.3所示，即将三个末端联结在一起，联结点称为中点或零点，用 N 表示；从三相绕组的始端 A、B、C 引出三根导线称为相线，也称端线，俗称火线；由中点引出的导线称为中线，俗称零线。这种联结方式称为星形联结。有中线引出的称为 Y_0 联结，无中线引出的称为 Y 联结。

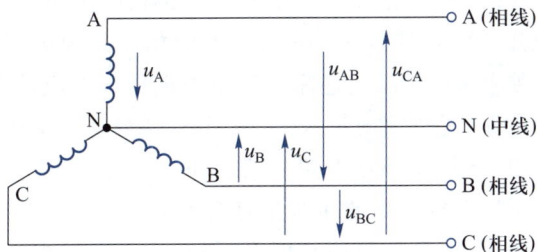

图 9.3　三相对称电源

三相对称电源依次称为 A 相、B 相、C 相，分别记为 u_A、u_B、u_C。如以 A 相为参考，其电压瞬时值表达式为

$$\left.\begin{aligned} u_A &= U_m \sin \omega t \\ u_B &= U_m \sin(\omega t - 120°) \\ u_C &= U_m \sin(\omega t - 240°) = U_m \sin(\omega t + 120°) \end{aligned}\right\} \tag{9.1}$$

写成电压的相量表达式为

$$\left.\begin{array}{l} \dot{U}_A = U\ \underline{/0°} \\[2mm] \dot{U}_B = U\ \underline{/-120°} = \left(-\dfrac{1}{2} - j\dfrac{\sqrt{3}}{2}\right)U \\[3mm] \dot{U}_C = U\ \underline{/120°} = \left(-\dfrac{1}{2} + j\dfrac{\sqrt{3}}{2}\right)U \end{array}\right\} \tag{9.2}$$

式中,U 为电压有效值,$U = \dfrac{U_m}{\sqrt{2}}$。

对称三相正弦交流电压的波形图如图 9.4 所示,各相电压的相量图如图 9.5 所示。

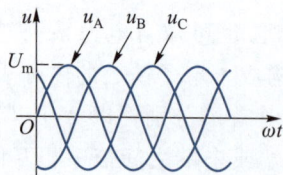

图 9.4　三相对称电源波形图

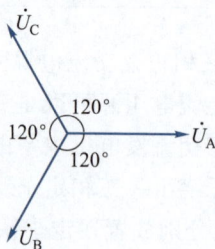

图 9.5　三相电压相量图

由三相对称正弦交流电压的数学表达式、波形图和相量图可以证明,一组对称的三相正弦量(电压或电流)之和为零。即

$$\left.\begin{array}{l} u_A + u_B + u_C = 0 \\[2mm] \dot{U}_A + \dot{U}_B + \dot{U}_C = 0 \end{array}\right\} \tag{9.3}$$

(2) 对称三相正弦交流电源的相序

三相电源中各相电压超前或滞后的排列次序称为相序,或者说三相正弦电压达到最大值的次序叫相序。例如,在图 9.4 所示电路中,A 相电压超前 B 相电压 120°,而 B 相电压又超前 C 相电压 120°,则将 A—B—C—A 的相序称为正相序或顺序;反之,若 A—C—B—A 的相序则称为负相序或逆序。当三相电压或电流的相序未加说明时,一般都是指的正相序。另外,还想顺便提及一下,我国供配电系统中的三相母线都标有规定的颜色以便识别相序,其规定为 A 相—黄色、B 相—绿色、C 相—红色。

有些三相负载对所接三相电源的相序是有要求的,例如三相交流电动机如果接正相序电源它会正转,而接负相序电源后它就会反转,因而要根据三相负载的工作情况来正确选择三相电源的相序。当三相电源的相序未知时,可以用相序指示器来进行测量及判定。

(3) 对称三相正弦交流电源相电压与线电压的关系

图 9.6 所示为 Y_0 联结的三相交流发电机的相电压和线电压相量图。在图 9.4 中,每相始端与中点间的电压称为相电压,用 U_A、U_B、U_C 表示,或一般用 U_P 表示。而任意两相线间的电压称为线电压,其有效值用 U_{AB}、U_{BC}、U_{CA} 表示,或一般用 U_L 表示。

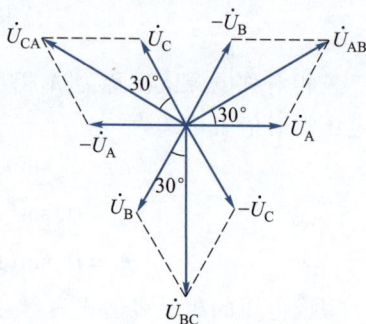

图 9.6　相电压和线电压相量图

由图 9.4 可知,线电压与相电压关系为

$$
\left.\begin{array}{l}
u_{AB} = u_A - u_B \\
u_{BC} = u_B - u_C \\
u_{CA} = u_C - u_A
\end{array}\right\} \tag{9.4}
$$

由图 9.5 电压相量图可知

$$
\left.\begin{array}{l}
\dot{U}_{AB} = \dot{U}_A - \dot{U}_B \\
\dot{U}_{BC} = \dot{U}_B - \dot{U}_C \\
\dot{U}_{CA} = \dot{U}_C - \dot{U}_A
\end{array}\right\} \tag{9.5}
$$

由电压相量图中相电压和线电压相量的几何关系,可得到

$$
\left.\begin{array}{l}
\dot{U}_{AB} = U\underline{/0°} - U\underline{/-120°} = \sqrt{3}\,\dot{U}_A\underline{/30°} \\
\dot{U}_{BC} = U\underline{/-120°} - U\underline{/120°} = \sqrt{3}\,\dot{U}_B\underline{/30°} \\
\dot{U}_{CA} = U\underline{/120°} - U\underline{/0°} = \sqrt{3}\,\dot{U}_C\underline{/30°}
\end{array}\right\} \tag{9.6}
$$

由上述关系可知,对称三相交流电源星形联结时,三相电压也对称。线电压的有效值是相电压有效值的 $\sqrt{3}$ 倍,线电压的相位超前对应相电压 30°。

通常在低压配电系统中,相电压为 220 V,线电压为 380 V,小型低压三相交流发电机采用 Y_0 接线时,可以引出四根线,称三相四线制,能给予负载两种电压,这样就解决了三相负载和单相负载由同一电源供电的问题。但是电力系统、发电厂的三相交流发电机,由于容量大、额定电压都采用较高的数值。我国发电厂发电机的线电压,一般为 6.3 kV 和 10.5 kV,与额定线电压为 6 kV 和 10 kV 的电力网路联结。这些发电机通常为 Y 联结,它可与升压变压器联结后将电力送人高压电网;或与降压变压器联结后将低压电供给发电厂自用低压负载。

由变压器二次侧组成三相交流电源时,可以接成 Y_0 联结、Y 联结及三角形联结（△联结）,后两种联结方式也称三相三线制。当三相交流电源采用三角形联结方式时,线电压与相电压相等,即 $\dot{U}_{AB} = \dot{U}_A$、$\dot{U}_{BC} = \dot{U}_B$、$\dot{U}_{CA} = \dot{U}_C$。由于三线电源是对称的,三相电压的相量和为零,即 $\dot{U}_A + \dot{U}_B + \dot{U}_C = 0$,所以三角形环路中无环流产生。

2. 对称三相正弦交流电路的计算

（1）三相负载的联结方式

三相供电系统中大多数负载也是三相的,即由三个负载接成 Y 形或 △ 形,分别如图 9.7(a)(b)所示。其中每一个负载称一相负载,每相负载的端电压称为负载相电压,流过每个负载的电流称为相电流,流过端线的电流称线电流。三相负载的复阻抗相等者称为对称三相负载,三相负载的复阻抗不相等者称为不对称三相负载。

（2）对称三相电路的计算

对称三相电路就是对称三相电源与对称三相负载联结起来所组成的电路。由于是对称三相电路,所以三相线路阻抗相等。同时需要说明的是,因为一般进行负载电

路的计算时,不考虑三相电源内部的工作情况,而只注意供电线路,因此在电路图中可只画三根火线 A、B、C 和中线 N 来表示三相电源。图 9.8 所示为三种典型对称三相电路的联结示意图,图 9.9 所示为我国 380 V/220 V 低压供电线路中不考虑线路阻抗情况下三种常见的三相负载电路。

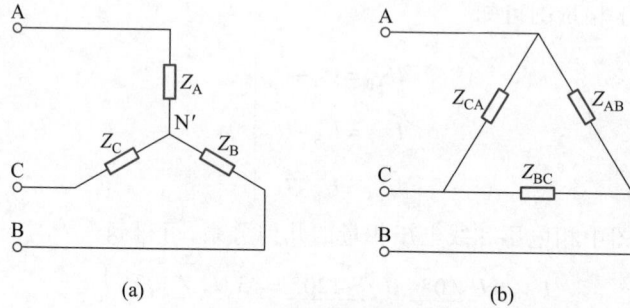

图 9.7　三相负载的联结

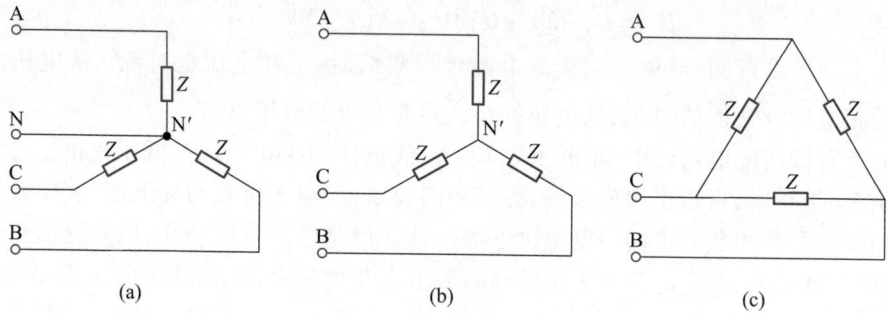

图 9.8　三相对称负载的典型联结

由于三相电源及三相负载对称,所以三相电流也对称且与电源电压是同相序的对称量。

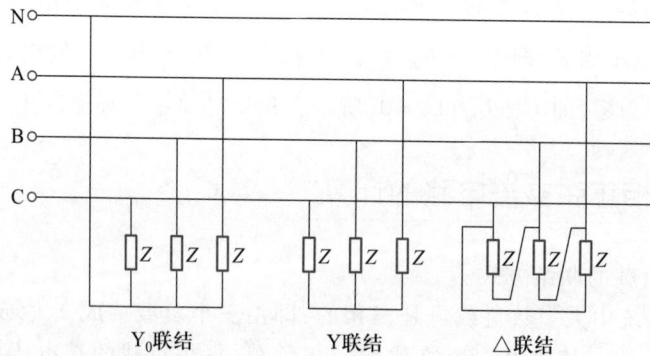

图 9.9　常用低压供电线路三相对称负载联结示意图

因此,只要计算出一相的电流、电压,其他两相的电流、电压就能由对称关系写出。

在三相电路中,每相负载所流过的电流称为相电流,其有效值用字母 I_P 表示,流过相线(火线)的电流称为线电流,其有效值用字母 I_L 表示。

当对称三相负载 Y 联结时,设 $Z_A = Z_B = Z_C = Z$,则线电流与相电流、线电压与相电压的关系为

$$\left.\begin{array}{l} I_L = I_P = \dfrac{U_P}{|Z|} \\[2mm] U_L = \sqrt{3}\, U_P \end{array}\right\} \tag{9.7}$$

各相电流与各相电压及各相负载之间的相量关系为

$$\left.\begin{array}{l} \dot{I}_A = \dfrac{\dot{U}_A}{Z} \\[2mm] \dot{I}_B = \dfrac{\dot{U}_B}{Z} \\[2mm] \dot{I}_C = \dfrac{\dot{U}_C}{Z} \end{array}\right\} \tag{9.8}$$

可以证明,当对称三相负载 Y 联结时,线电流等于相电流,线电压的有效值是相电压有效值的 $\sqrt{3}$ 倍,各线电压的相位超前对应相电压 $30°$。

对于 Y_0 联结的对称三相电路,由于是三相对称系统,三相电流的相量和也为零,这时中线上的电流为零,说明这时中线不起作用,但中线不能断开,并且中线上不允许安装熔断器和开关。否则,一旦中线断开,三相对称负载因某种原因(如某相出现短路或断路)时,三相负载不再对称,这时各相则不能独立正常工作,出现某相负载过压或欠压甚至损坏的情况。

在确保三相负载对称的情况下,Y_0 联结与 Y 联结时负载的工作情况完全相同。一般工厂中使用的额定功率 $P_N \leqslant 3\ \text{kW}$ 的三相交流异步电动机,均采用三相三线制 Y 联结。

例 9.1　图 9.10 所示对称三相星形联结电路中,各相负载中 $R = 6\ \Omega$,感抗 $X_L = 8\ \Omega$,已知三相对称电源线电压 $u_{AB} = 380\sqrt{2}\,(\sin \omega t + 30°)\ \text{V}$,试求各相电流。

解：据 $u_{AB} = 380\sqrt{2}\,(\sin \omega t + 30°)\ \text{V}$

则 $\dot{U}_{AB} = 380\ \underline{/30°}\ \text{V}$,　相电压 $\dot{U}_A = 220\ \underline{/0°}\ \text{V}$

可以求得　$\dot{I}_A = \dfrac{\dot{U}_A}{Z} = \dfrac{220\ \underline{/0°}}{6+\text{j}8} = 22\ \underline{/-53.1°}\ \text{A}$

根据对称性可直接写出

$$\dot{I}_B = 22\ \underline{/-173.1°}\ \text{A}$$

$$\dot{I}_C = 22\ \underline{/66.9°}\ \text{A}$$

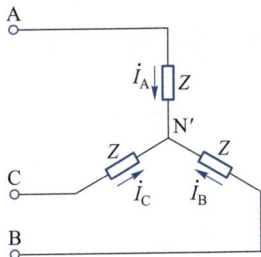

图 9.10　例 9.1 电路图

例 9.2　星形联结对称三相负载,每相电阻为 $11\ \Omega$,电流为 20 A,求三相负载的线电压。

解：

$$Z = R = 11\ \Omega,\ I_P = 20\ \text{A}$$

$$U_P = I_P\,|Z| = 20 \times 11\ \text{V} = 220\ \text{V}$$

$$U_L = \sqrt{3}\,U_P = \sqrt{3} \times 220\ \text{V} = 380\ \text{V}$$

例 9.3　图 9.11 所示对称星形联结三相电路,线电压 $U_L = 380$ V。若此时图中 p 点处发生断路,求电压表读数 V_1;若图中 m 点处发生断路,求此时电压表读数 V_2;若图中 m 点、p 点两处同时发生断路,求此时电压表读数 V_3。

解:若此时图中 p 点处发生断路,由于电路对称,$V_1 = 220$ V。

若此时图中 m 点处发生断路,由于有中线存在,$V_2 = 220$ V。

若此时图中 p、m 点处发生断路,两阻抗串联在线电压上,

$$V_3 = \frac{380}{2} = 190 \text{ V}$$

当对称三相负载△联结时,设 $Z_A = Z_B = Z_C = Z$,则线电流与相电流、线电压与相电压的关系为

$$\left. \begin{array}{l} U_L = U_P \\[2mm] I_P = \dfrac{U_P}{|Z|} = \dfrac{U_L}{|Z|} \\[2mm] I_L = \sqrt{3}\,I_P \end{array} \right\} \tag{9.9}$$

可以证明,当对称三相负载△联结时,线电压等于相电压,线电流的有效值是相电流有效值的 $\sqrt{3}$ 倍,各线电流的相位分别滞后对应的相电流 30°。

例 9.4　图 9.12 所示三角形联结的对称三相电路中,已知负载阻抗 $Z = 38\ \underline{/-30°}\ \Omega$。若线电流 $\dot{I}_A = 17.32\ \underline{/0°}$ A,求线电压 $\dot{U}_{AB}$。

解:根据对称三相负载△联结时,线电流的有效值是相电流有效值的 $\sqrt{3}$ 倍,各线电流的相位分别滞后对应的相电流 30°,可写出

$$\dot{I}_{AB} = \frac{\dot{I}_A}{\sqrt{3}}\underline{/30°} = 10\ \underline{/30°}\ \text{A}$$

$$\dot{U}_{AB} = Z\dot{I}_{AB} = 38\ \underline{/-30°} \times 10\ \underline{/30°} = 380\ \underline{/0°}\ \text{V}$$

例 9.5　图 9.13 所示对称三相电路中,已知线电流 $I_L = 17.32$ A,求 m 点处发生断路时的电流 I_A、I_B、I_C。

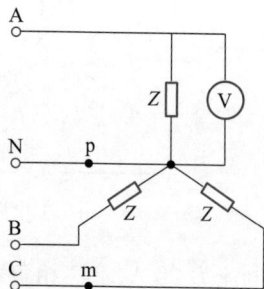

图 9.11　例 9.3 图

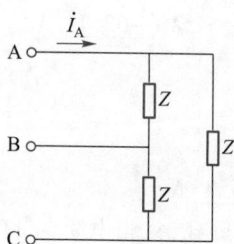

图 9.12　例 9.4 图

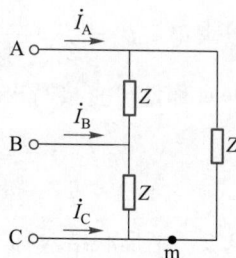

图 9.13　例 9.5 图

解:相电流 $I_P = \dfrac{I_L}{\sqrt{3}} = \dfrac{17.32}{1.732}$ A = 10 A

当 m 点处发生断路时,$I_A = I_C = 10$ A,I_B 大小不变,$I_B = 17.32$ A。

3. 三相功率

三相负载总的功率计算形式与负载的联结方式无关。

三相总的有功功率等于各相有功功率之和,即

$$P = P_A + P_B + P_C$$

三相总的无功功率等于各相无功功率的代数和,即

$$Q = Q_A + Q_B + Q_C$$

三相总的视在功率根据功率三角形可得

$$S = \sqrt{P^2 + Q^2}$$

在三相负载对称情况下,则三相总的功率分别为

$$\left. \begin{array}{l} P = 3U_P I_P \cos\varphi = \sqrt{3}\, U_L I_L \cos\varphi \\ Q = 3U_P I_P \sin\varphi = \sqrt{3}\, U_L I_L \sin\varphi \\ S = 3U_P I_P = \sqrt{3}\, U_L I_L \end{array} \right\} \tag{9.10}$$

上式中,φ 角是相电压 U_P 与相电流 I_P 之间的相位差,也即是每相对称负载的阻抗角。

需注意的是,虽然 Y 联结和 △ 联结计算功率的形式相同,但在计算时要根据具体的线电压与相电压、线电流与相电流的值带入计算。

对于三相不对称负载,在此不做具体的分析,但三相对称负载如出现短路或断路情况,应掌握基本的定性与定量分析。

例 9.6 图 9.14 所示星形联结对称三相电路,若已知电源线电压 $U_L = 380$ V,负载电阻 $R = 22\ \Omega$,求三相功率 P。

解:

$$U_P = \frac{U_L}{\sqrt{3}} = \frac{380}{\sqrt{3}} = 220 \text{ V}$$

$$I_L = I_P = \frac{U_P}{R} = \frac{220}{22} = 10 \text{ A}$$

$$\cos\varphi = 1$$

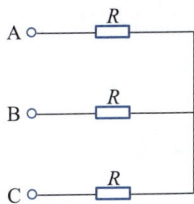

图 9.14　例 9.6 图

$$P = \sqrt{3}\, U_L I_L \cos\varphi = \sqrt{3} \times 380 \times 10 \times 1 = 6\ 582 \text{ W}$$

例 9.7 对称三相电源线电压为 380 V,作用于三角形对称三相负载,每相电阻为 220 Ω,求负载相电流、线电流及三相总功率。

解: 此题为对称三角形负载,$U_L = U_P = 380$ V。

$$I_P = \frac{U_P}{R} = \frac{380 \text{ A}}{220 \text{ A}} = 1.732 \text{ A}$$

$$I_L = \sqrt{3}\, I_P = 3 \text{ A}$$

$$P = \sqrt{3}\, U_L I_L \cos\varphi = \sqrt{3} \times 380 \times 3 \times 1 \text{ W} = 1\ 975 \text{ W}$$

例 9.8 图 9.15 所示对称三相电路中,三角形联结负载阻抗 $Z_1 = (60 + j80)\ \Omega$,星形联结负载阻抗 $Z_2 = (40 + j30)\ \Omega$,若测得图中所示线电流 $I_{l1} = 3$ A,求星形联结负载阻抗所耗功率 P_2。

解：对负载 Z_1，$I_{l1} = 3$ A，则相电流 $I_{p1} = \sqrt{3}$ A

Z_1 负载端电压 $U_{p1} = U_L = \sqrt{3} \times \sqrt{60^2 + 80^2} = 100\sqrt{3}$ V

对星形联结负载 Z_2，线电压 $U_L = 100\sqrt{3}$ V，相电压 $U_{p2} = 100$ V。

所以　　　　　$I_{L2} = \dfrac{100}{|40 + \mathrm{j}30|}$ A $= 2$ A

另　　　　　$\varphi_2 = \arctan \dfrac{30}{40} = 36.9°$

故　　　　　$P_2 = \sqrt{3}\, U_L I_{L2} \cos \varphi_2 = \sqrt{3} \times 100\sqrt{3} \times 2 \times 0.8$ W $= 480$ W

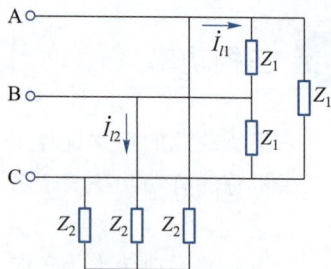

图 9.15　例 9.8 图

微课
项目小结

项目小结

本项目通过两个仿真实训来模拟农场照明系统的工作情况和物料升降的三相异步电动机正反转控制过程。

对农场照明系统的供电，一定要注意中线的存在，它能保证每相上的负载相同或不相同时都可以得到相同的 220 V 相电压，如果某一相出来故障，也不会影响其他两相的工作，所以中线不允许断开。

对物料升降控制系统，可以通过一台三相异步电动机的正转和反转来控制。正转和反转的切换主要通过改变加给三相异步电动机的相序来实现，任意对调两根电源线，则电动机内部的旋转磁场方向就改变了，电动机也就改变了运行方向，就可以对物料进行上升或者下降控制。

一个实际的三相异步电动机正反转控制需要考虑自锁、互锁、点动运行、连续运行、过载保护等环节，需要对主电路与控制电路进行设计与控制，需要用到空气开关、熔断器、交流接触器、按钮、热继电器等电气设备与部件。

习题

一、单选题

1. 已知正序对称三相电压 u_A、u_B、u_C，其中 $u_A = U_m \sin\left(\omega t - \dfrac{\pi}{2}\right)$ V，如将它们接成星形时，电压 u_{CA} 等于（　　）。

A. $\sqrt{3}\, U_m \sin\left(\omega t + \dfrac{\pi}{6}\right)$ V　　　　　　　B. $\sqrt{3}\, U_m \sin\left(\omega t - \dfrac{\pi}{3}\right)$ V

C. $\sqrt{3}\, U_m \sin\left(\omega t - \dfrac{\pi}{6}\right)$ V　　　　　　　D. $\sqrt{3}\, U_m \sin\left(\omega t + \dfrac{\pi}{3}\right)$ V

2. 已知负序对称三相电压 $\dot{U}_A$、$\dot{U}_B$、$\dot{U}_C$，其中 $\dot{U}_A = 220 \underline{/30°}$ V，则将它们接成星形时，电压 $\dot{U}_{AB}$ 等于（　　）。

A. $380 \underline{/-60°}$ V　　　　　　　B. $380 \underline{/0°}$ V

C. $380 \underline{/60°}$ V　　　　　　　D. $380 \underline{/180°}$ V

3. 已知三个电压源分别为 $u_A = U_m \cos t$ V, $u_B = U_m \cos(2t-120°)$ V, $u_C = U_m \cos(3t-240°)$ V,若将它们组成一个星形三相电源,则该三相电源的相序为(   )。

 A. 正序　　　　　　B. 负序　　　　　　C. 无法确定

4. 图 9.16 所示 3 个电压源中,已知 $\dot{U}_{AB} = U\underline{/0°}$ V, $\dot{U}_{CD} = U\underline{/60°}$ V, $\dot{U}_{EF} = U\underline{/-60°}$ V。若这 3 个电源接成星形对称三相电源,则需(   )。

 A. B,D,F 连在一起成为中点,A,C,E 为三相出线端

 B. B,C,E 连在一起成为中点,A,D,F 为三相出线端

 C. B,C,F 连在一起成为中点,A,D,E 为三相出线端

 D. A,C,F 连在一起成为中点,B,D,E 为三相出线端

5. 对称三相电压源为星形联结,每相电压有效值均为 220 V,但其中 BY 相接反了,如图 9.17 所示,则电压 U_{AY} 有效值为(   )。

 A. 220 V　　　　B. 380 V　　　　C. 127 V　　　　D. 0

6. 对称三相电压源为图 9.18 所示联结,每相电压有效值均为 220 V,则电压 U_{AC} 有效值为(   )。

 A. 220 V　　　　B. 0　　　　C. 380 V　　　　D. 440 V

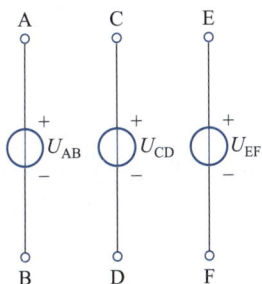

图 9.16

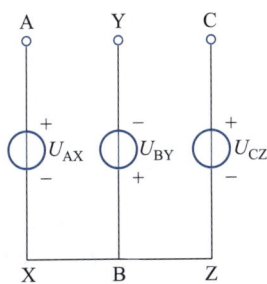

图 9.17

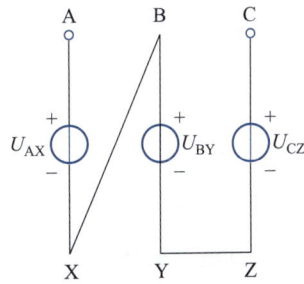

图 9.18

7. 正序对称三相电压源为星形联结,若相电压 $\dot{U}_B = 220\underline{/-90°}$ V,则线电压 $\dot{U}_{AC}$ 为(   )。

 A. $380\underline{/180°}$ V　　　　　　　　B. $380\underline{/0°}$ V

 C. $380\underline{/150°}$ V　　　　　　　　D. $380\underline{/-60°}$ V

8. 正序对称三相电压源为星形联结,若线电压 $\dot{U}_{BC} = 380\underline{/180°}$ V,则相电压 $\dot{U}_A$ 为(   )。

 A. $220\underline{/0°}$ V　　　　　　　　B. $220\underline{/90°}$ V

 C. $220\underline{/-90°}$ V　　　　　　　D. $220\underline{/-60°}$ V

9. 下列关于三相电路的电压(电流)的关系式中,正确的是(   )。

 A. 任何三相电路中,线电流 $\dot{I}_A + \dot{I}_B + \dot{I}_C = 0$

 B. 任何三相电路中,线电压 $\dot{U}_{AB} + \dot{U}_{BC} + \dot{U}_{CA} = 0$

 C. 任何三角形联结三相电路中,$I_l = \sqrt{3}\,I_p$

 D. 任何星形联结三相电路中,$U_l = \sqrt{3}\,U_p$

10. 图 9.19 所示对称星形联结三相电路中,已知各相电流均为 5 A。若图中 m 点处发生断路,则此时中线电流为(　　)。

A. 5 A　　　　　　B. 8.66 A　　　　　　C. 10 A　　　　　　D. 0

11. 图 9.20 所示三角形联结对称三相电路中,已知线电压为 U_1,若图中 P 点处发生断路,则电压 U_{Am} 等于(　　)。

A. $\dfrac{U_1}{2}$　　　　　B. U_1　　　　　C. $\dfrac{U_1}{\sqrt{3}}$　　　　　D. $\dfrac{\sqrt{3}\,U_1}{2}$

12. 图 9.21 所示对称三相星形联结负载电路中,已知电源线电压 $U_1 = 380$ V,若 m 点处发生断路,则电压 U_{AN} 等于(　　)。

A. 0　　　　　B. 220 V　　　　　C. 329 V　　　　　D. 380 V

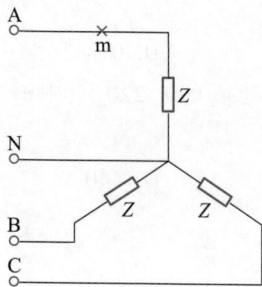

图 9.19

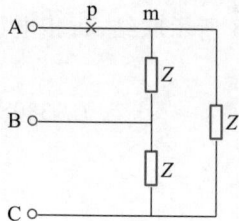

图 9.20

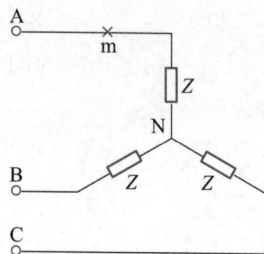

图 9.21

13. 图 9.22 所示对称三相星形联结电路中,已知 $\dot{U}_{AB} = 380\ \underline{/10°}$ V, $\dot{I}_A = 5\ \underline{/0°}$ A,相序为正序,则以下结论中错误的是(　　)。

A. 负载为容性

B. $\dot{U}_{CB} = 380\ \underline{/70°}$ V

C. $\dot{U}_{CN'} = 220\ \underline{/100°}$ V

D. $\dot{U}_{AC} = 380\ \underline{/-30°}$ V

14. 图 9.23 所示星形联结对称三相电路中,已知线电流 $I_A = 1$ A。若 A 相负载发生短路(如图中开关闭合),则此时 A 相线电流等于(　　)。

A. 2 A　　　　　B. 0　　　　　C. $\sqrt{3}$ A　　　　　D. 3 A

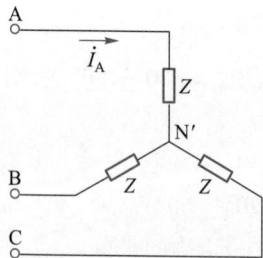

图 9.22

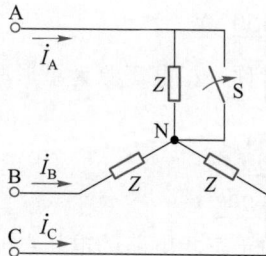

图 9.23

二、计算题

1. 图 9.24 所示对称三相星形联结电路中,若已知 $Z = 110\ \underline{/-30°}$ Ω,线电流 $\dot{I}_A = 2\ \underline{/30°}$ A,求线电压 $\dot{U}_{AC}$。

2. 图 9.25 所示对称三相电路中,已知线电流 $I_l = 17.32$ A。若此时图中 m 点处发生断路,求此时电流 I_A、I_B、I_C。

3. 正序对称三相电源电压 $u_A = U_m \sin\left(\omega t + \dfrac{\pi}{2}\right)$ V,求 u_B 和 u_C。

4. 施加于对称三相星形联结负载的三相线电压为 380 V,若负载每相复阻抗为 $(10+j10)\ \Omega$,求负载的线电流有效值。

5. 图 9.26 所示对称三相三角形联结电路中,若已知线电流 $\dot{I}_A = 10\ \underline{/60°}$ A,求相电流 $\dot{I}_{BC}$。

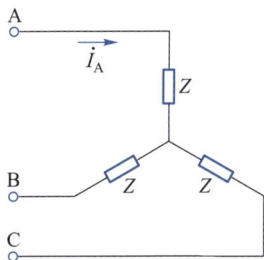
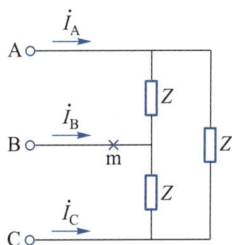
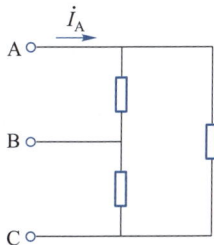

图 9.24   图 9.25   图 9.26

6. 图 9.27 所示对称三相三角形联结电路中,已知负载复阻抗 $Z = (30-j40)\ \Omega$,若线电流有效值 $I_l = 10.4$ A,求电源线电压有效值 U_L。

7. 图 9.28 所示对称三相电路中,已知 $\dot{U}_{BC} = 380\ \underline{/0°}$ V,$\dot{I}_A = 17.32\ \underline{/120°}$ A,求三角形联结阻抗 Z。

8. 图 9.29 所示对称三相三角形联结负载电路中,负载阻抗 $Z = 38\ \underline{/-30°}\ \Omega$,若线电压 $\dot{U}_{BC} = 380\ \underline{/-90°}$ V,求线电流 $\dot{I}_A$。

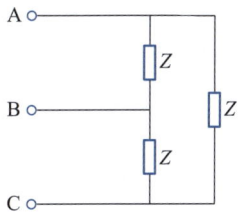
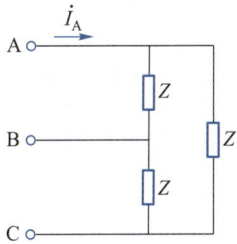
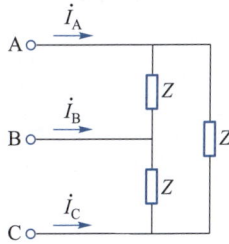

图 9.27   图 9.28   图 9.29

9. 图 9.30 所示对称三相电路中,若已知线电流 $\dot{I}_A = 2\ \underline{/0°}$ A,求线电压 $\dot{U}_{BC}$。

10. 图 9.31 所示对称三相电路为星形联结,已知线电流 $I_l = 2$ A,三相负载功率 $P = 300$ W,$\cos\varphi = 0.5$,求该电路的相电压 U_P。

11. 拟用电阻丝制作一个三相电炉,功率为 20 kW,对称电源线电压为 380 V。若三相电阻接成对称星形,求每相的电阻。

12. 图 9.32 所示星形联结对称三相电路中,已知线电压 $\dot{U}_{CB} = 173.2\ \underline{/90°}$ V,线电流 $\dot{I}_C = 2\ \underline{/180°}$ A,求该三相电路的功率 P。

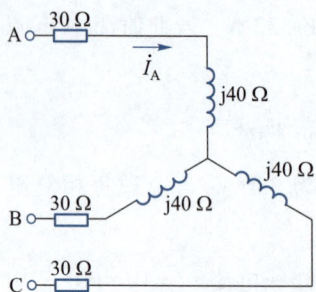

图 9.30

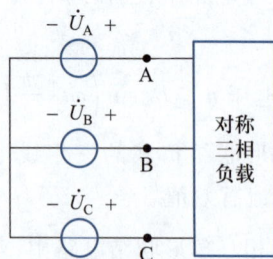

图 9.31

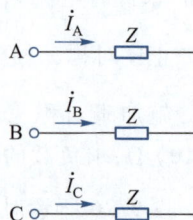

图 9.32

13. 图 9.33 所示对称三相电路中,已知星形联结负载 $Z=(10+j17.32)$ Ω,三相电源 $\dot{U}_A = 220\underline{/0°}$ V,求三相负载功率 P。

14. 图 9.34 所示对称三相电路中,已知 $\dot{U}_A = 220\underline{/0°}$ V,负载阻抗 $Z=(40+j30)$ Ω。求电流 $\dot{I}_{AB}$、$\dot{I}_A$ 及三相功率 P。

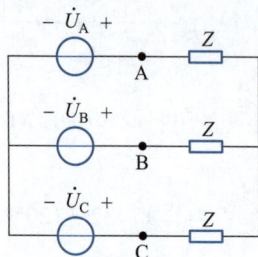

图 9.33

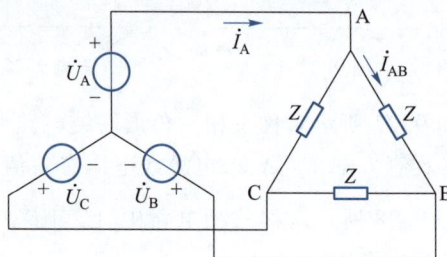

图 9.34

15. 图 9.35 所示对称三相电路中,已知星形联结负载阻抗 $Z=(5+j8.66)$ Ω,若已测得电路无功功率 $Q=500\sqrt{3}$ var,求电路有功功率 P。

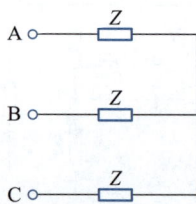

图 9.35

项目 10

简易电子琴

做什么

拓展阅读
守正创新——创客智造

本项目通过制作简易电子琴,学习电路的一阶暂态过程,利用集成定时器 NE555 和外围元件组成多谐振荡电路,通过 8 个按键开关控制不同的电阻和电容,获得不同频率的信号,从而发出不同音调:低音"do""re""mi""fa""so""la""si"和中音"do"制作成一个可以弹奏简单乐曲的电子琴,例如弹奏歌曲《我和我的祖国》。

来仿真

微课
项目导入

1. 元器件清单

通过仿真来看看简易电子琴的功能。仿真元器件清单见表 10.1。

表 10.1　简易电子琴仿真元器件清单

序号	名称	参数	数量	Proteus 软件中对应元器件名
1	NE555	NE555	1	NE555
2	电阻	1 kΩ	2	RES
3	电阻	2 kΩ	6	RES
4	电阻	13 kΩ	1	RES
5	独石电容	0.1 μF	3	CAP

续表

序号	名称	参数	数量	Proteus 软件中对应元器件名
6	电解电容	4.7 μF	1	可省略
7	按键	弹性按键	8	BUTTON
8	喇叭/扬声器	8 Ω、0.25 W	1	SOUNDER
9	电源	+5 V	1	VCC、GROUND

微课
仿真制作

2. 仿真制作

从 Proteus 软件的元器件库中选取表 10.1 中的元器件,按照电路图在 Proteus 软件中放置元器件,设置参数,连线,进行电气规则检查,最后运行电路,对简易电子琴进行仿真制作,观察项目的仿真演示效果,如图 10.1 所示,$S_1 \sim S_8$ 分别对应的是低音"do"~"si"和中音"do"。当按下按键开关后,能够发出低音"do"~"si"和中音"do" 8 个音调。

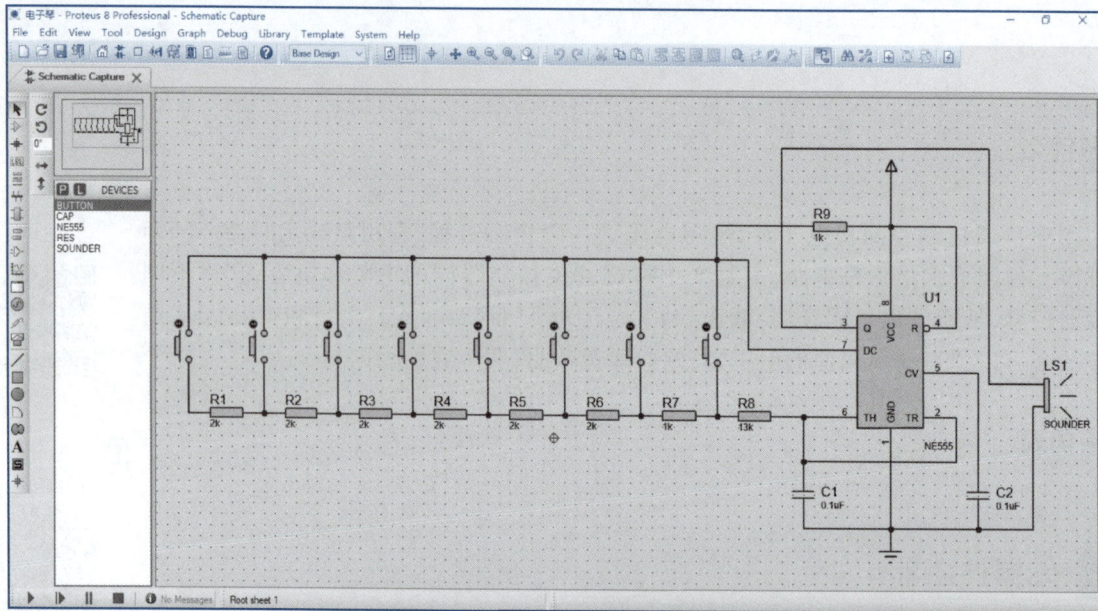

图 10.1　简易电子琴仿真电路

3. 简易电子琴原理分析

(1) 简易电子琴是怎么发出声音的

扬声器又称喇叭(loudspeakers),是把电信号转变为声音信号的换能器件。扬声器的种类很多,图 10.2 所示为电动式扬声器,又称动圈式扬声器,它是应用电动原理的电声换能器件,音频电能通过电磁、压电效应,使膜片振动并与周围的空气产生共振而发出声音。

扬声器是怎么工作的? 什么样的信号能让扬声器发出声音?

图 10.3 是 3 个不同的直流和交流信号。把图 10.3(a)直流信号加到扬声器上,直流信号电压值没有发生变化,不会让扬声器产生振动,是不能让扬声器发声的。

把图 10.3(b)(c)方波和正弦波两个交流信号加到扬声器上,都可以让扬声器产生振动,发出声音,方波信号的发声效果更响亮和饱满。

图 10.2　扬声器

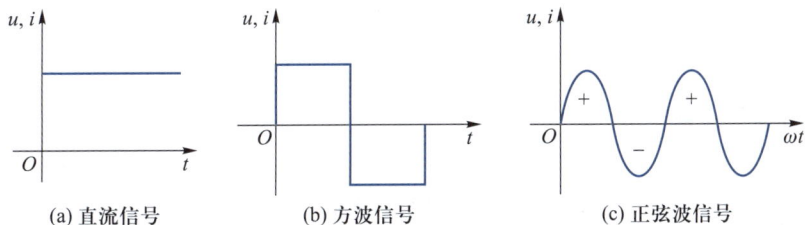

(a) 直流信号　　　　(b) 方波信号　　　　(c) 正弦波信号

图 10.3　不同的信号

(2) 不同音调和什么有关

扬声器的音频信号采用方波信号,那么图 10.4 中不同的方波信号发出的音调和声音大小是否一样?

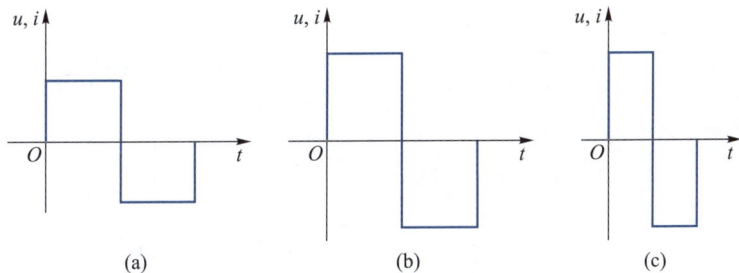

(a)　　　　　　　(b)　　　　　　　(c)

图 10.4　不同的方波信号

方波信号的频率和幅值不一样,发出的音调和声音大小肯定不一样。音调和信号的哪个参数有关? 答案是频率。声音大小又和信号的哪个参数有关? 是电压的幅度。那么要发出低音"do"~"si",又需要什么样的方波信号?

(3) 怎么设计电路产生不同音调

要产生不同的方波信号发出不同的音调,需要设计一个电路,可以产生不同频率的方波信号。产生方波信号的电路有很多,比如信号发生器、削波电路、多谐振荡器、单片机,图 10.5 采用的是 555 芯片和外围元件构成多谐振荡电路来产生方波信号。这个电路只要改变外围器件 R_1、R_2、C_1 的参数,就可以产生不同方波信号,发出不同音调。

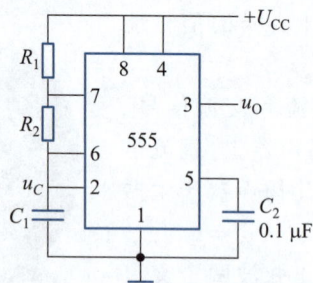

图 10.5　555 构成多谐振荡电路

动手做

1. 电路原理图

图 10.6 所示为简易电子琴的电路。电子琴电路由输入端电路、频率产生端电路、扬声器输出端电路三部分电路组成。

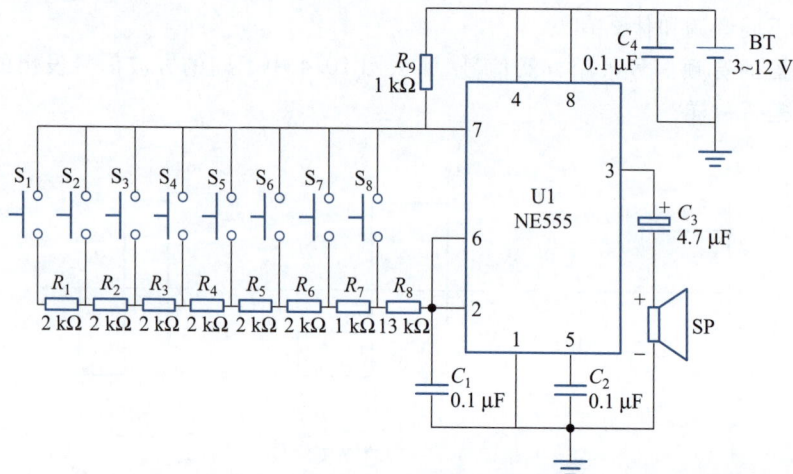

图 10.6　简易电子琴电路原理图

第 1 部分输入端电路:由 8 个按键与各自的定值电阻组成的输入端电路,当 S1-S8 不同按键按下时,连接到输入端的电阻阻值不同。

第 2 部分频率产生端电路:根据输入端电阻值的不同,由 555 芯片的输出端产生不同频率的方波信号。

第 3 部分扬声器输出端电路:接收方波信号,把电信号转换成声音信号,发出特定的音调。

在这个电路中,8 个按键 $S_1 \sim S_8$ 分别按下时,都可以构成多谐振荡器,产生不同频率的方波信号,发出不同的音调,通过计算配置 $R_1 = 2$ kΩ,$R_2 = 2$ kΩ,$R_3 = 2$ kΩ,$R_4 = 2$ kΩ,$R_5 = 2$ kΩ,$R_6 = 2$ kΩ,$R_7 = 1$ kΩ,$R_8 = 13$ kΩ。分别按下 8 个按键,发出低音“do” ~ “si”和中音“do”的音调。

2.　准备元器件

电路搭建所需元器件见表 10.2。

表 10.2　电路搭建所需元器件

序号	名称	参数	数量
1	NE555	NE555	1
2	电阻	1 kΩ	2
3	电阻	2 kΩ	6
4	电阻	13 kΩ	1
5	独石电容	0.1 μF	3
6	电解电容	4.7 μF	1
7	按键	弹性按键	8
8	喇叭/扬声器	8 Ω、0.25 W	1
9	直流电源	+5 V	1
10	导线	铁线	若干
11	面包板		1

3.　搭建电路

微课
电路搭建

（1）核对元器件

核对元器件清单中的器件型号及数量。

（2）测量和检测各个器件的参数和功能

① 电阻阻值测量。电子琴是根据选择的定值电阻的阻值不一样，产生不同的音调，在搭建电路时先识别电阻，用色环法或者万用表测电阻，读出它的阻值，记录在表10.3中，并把它安放在相对应的位置。如果没有 5 环精密电阻，也可以用相同标称值的 4 环电阻代替。

表 10.3　电子琴电阻阻值测量

标记	棕黑黑棕棕	红黑黑棕棕	棕橙黑红棕
标称值			
实测值			

② 555 芯片是带 8 个引脚的器件，如图 10.7 所示。芯片上有一个凹口，把凹口朝左，左下角是 1 脚，逆时针方向依次是 1~8 脚，连接电路时要注意引脚的排列顺序。

③ 4.7 μF 的电解电容正负极需要判断准确，长脚正，短脚负。

④ Speaker 扬声器，外接的两条线没有正负之分。

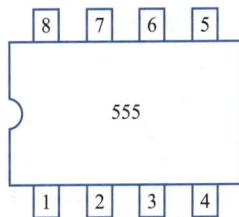

图 10.7　555 芯片引脚图

（3）按照电路图在面包板上搭接电路,观察和调试简易电子琴的功能。

搭建好的电路如图 10.8 所示。分别按下 $S_1 \sim S_8$ 按键,发出低音"do"～"si"和中音"do"的音调。试着用电路"弹奏"一曲《我和我的祖国》吧。

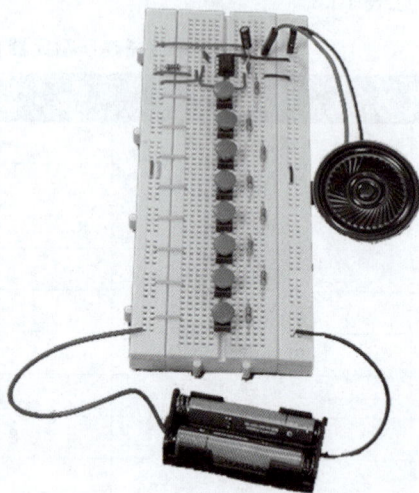

图 10.8　简易电子琴的电路搭建

去拓展

1. 准备简易电子琴电路的元器件和焊接工具,见表 10.4,自行焊接电路板,"DIY"一个简易电子琴,如图 10.9 所示,就可以弹奏乐曲了。也可以把 PCB 板换成万能板,根据图 10.6 自行焊接电路板。

表 10.4　简易电子琴电路的元器件和焊接工具清单

序号	品名	规格	数量	位号
1	主控 IC	NE555	1	
2	主控 IC 插座	8 P	1	U1
3	0.25 W 金属膜电阻	1 kΩ　精度 1%	2	R7 R9
4	0.25 W 金属膜电阻	2 kΩ　精度 1%	6	R1～R6
5	0.25 W 金属膜电阻	10 kΩ　精度 1%	1	R8
6	独石电容	0.1 μF	3	C1 C2 C4
7	电解电容	4.7 μF	1	C3
8	轻触按键	6 mm×6 mm×7 mm	8	S1～S8
9	轻触按键帽	红、蓝可选	8	
10	扬声器针座	XH2.54-2APW 弯针	1	SP
11	单端扬声器连接线	XH2.54-2P-15CM	1	
12	扬声器	8 Ω、0.25 W	1	
13	电池盒	黑、白可选 2 节 5 号	1	
14	PCB 空板	116 mm×21 mm,厚度 1.6 mm	1	

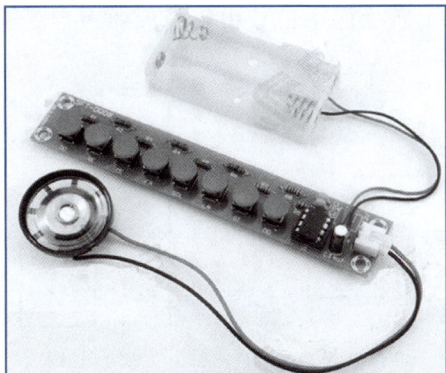

图 10.9　简易电子琴焊接实物图

2. 增加更多的按键和对应的电阻,实现 15 个按键的电子琴的功能,分别按下按键发出低音"do"~"si"、中音"do"~"si"以及高音"do",仿真电路如图 10.10 所示。

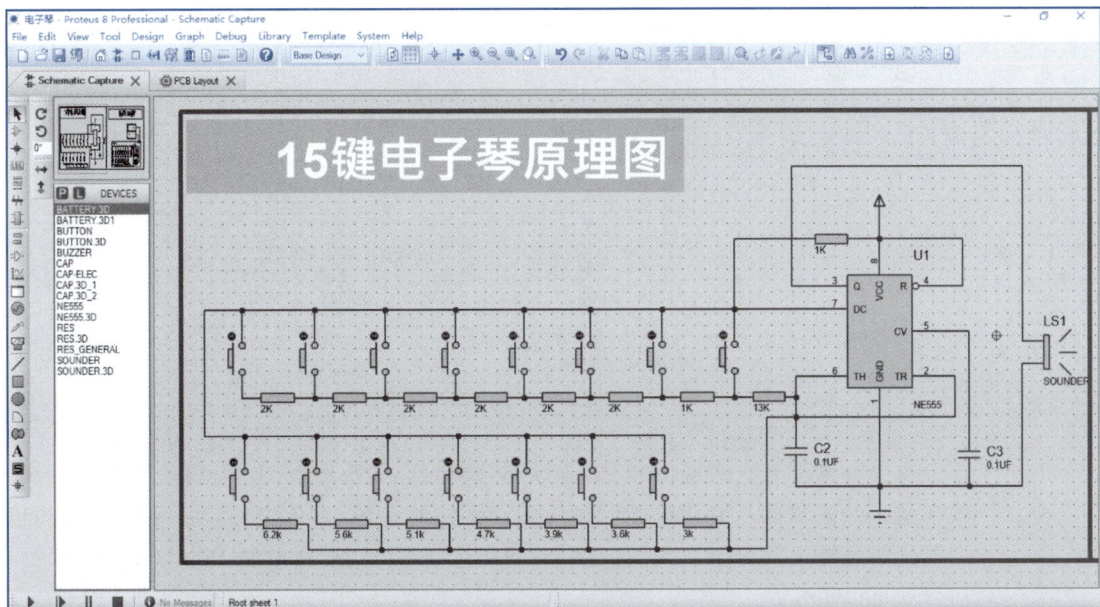

图 10.10　15 键电子琴仿真电路

拓展阅读
《我和我的祖国》
简谱

学知识

1. 音调和频率的关系

响度、音调、音色是描述声音特性的三个要素,这三个要素都与声源的振动有关系。

响度是指人耳所能感觉到的声音的大小,通常人们所说的"震耳欲聋"是指声音的响度。响度与声源振动的幅度有关,声源振动的幅度越大,响度越大;声源振动的幅度越小,响度越小。图 10.11 所示两个信号中幅度大的声音更响亮,响度与信号振动的大小有关系。

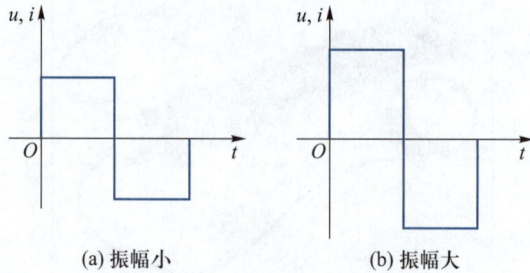

(a) 振幅小　　　　　　　(b) 振幅大

图 10.11　两个振幅不同的方波信号

音调指声音的尖细,也就是声音的高低,与频率有关。频率是不同的音调产生的根本原因,决定着音调的高低。

每秒振动的次数——频率用来描述物体振动的快慢。物体振动得越快,发出声音的音调就越高;物体振动得越慢,发出声音的音调就越低。图 10.12 中,左边的信号周期大,频率小,音调要低一些。

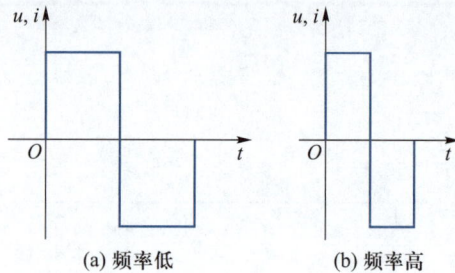

(a) 频率低　　　　　　　(b) 频率高

图 10.12　两个频率不同的方波信号

每个音调都有它对应的频率,音调和频率对应关系见表 10.5,频率越大音调越高,频率越小音调越低。要让电子琴可以弹奏不同的音调,设计电路产生不同频率的信号加载到扬声器上就可以实现了。例如,发出低音"do",设计电路产生频率为 262 Hz 的信号就可以了。

表 10.5　音调和频率对应关系

音符	频率/Hz	音符	频率/Hz
低 1 do	262	中 2 re	587
低 2 re	294	中 3 mi	659
低 3 mi	330	中 4 fa	698
低 4 fa	349	中 5 so	784
低 5 so	392	中 6 la	880
低 6 la	440	中 7 si	988
低 7 si	494	高 1 do	1 046
中 1 do	523	高 2 re	1 175

音符	频率/Hz	音符	频率/Hz
高 3 mi	1 318	高 6 la	1 760
高 4 fa	1 397	高 7 si	1 967
高 5 so	1 568		

　　音色是声音的特征,是人们区别具有同样响度、同样音调的两个声音之所以不同的特性。音色与声波的振动规律,也就是振动波形有关。能够分辨出各种不同乐器、不同人的声音,就是由于它们的音色不同。

2. 555 集成定时器介绍

　　电路中的核心器件 NE555 定时器,555 定时器是一种多用途的数字-模拟混合集成电路,利用它能极方便地构成多谐振荡器。在实际应用中只要适当改变其外接电路,增加少量的外接器件,就能得到多种应用电路。有关 555 集成电路的应用实例数不胜数。

　　555 定时器符号及引脚如图 10.13 所示。

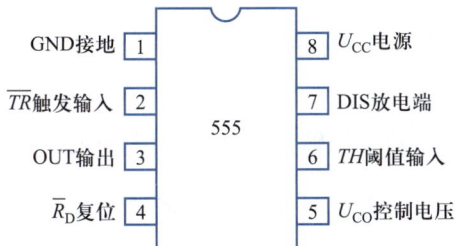

图 10.13　　555 集成定时器符号及引脚

　　图 10.14 所示为 555 集成定时器的电路结构图。它由五部分组成:分压器、比较器、基本 RS 触发器、晶体管开关和输出缓冲器。

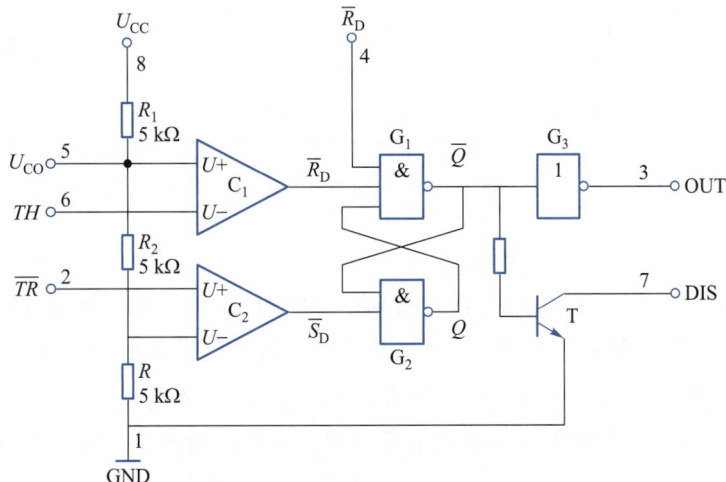

图 10.14　　555 集成定时器的电路结构图

① 分压器。3 个阻值为 5 kΩ 的电阻串联构成分压器，为比较器提供两个参考电压，比较器 C_1 的同相输入端 $U_+ = \frac{2}{3} U_{CC}$，比较器 C_2 的反相输入端 $U_- = \frac{1}{3} U_{CC}$。CO 端为外加电压控制端。通过该端的外加电压 U_{CO} 可改变 C_1、C_2 的参考电压。工作中不使用 CO 端时，一般都通过一个 0.01 μF 或 0.1 μF 的电容接地，以旁路高频干扰。

② 比较器。555 有两个完全相同的高精度电压比较器 C_1 和 C_2。当 $U_+ > U_-$ 时，比较器输出高电平（$u_0 = U_{CC}$），当 $U_+ < U_-$ 时，比较器输出低电平（$u_0 = 0$）。比较器的输入端基本上不向外电路索取电流，其输入电阻可视为无穷大。

③ 基本 RS 触发器。两个与非门 G_1、G_2 组成基本 RS 触发器，两个比较器的输出信号 u_{O1} 和 u_{O2} 决定触发器的输出端状态。$\overline{R}$ 是专门设置的可从外部置 0 的复位端。当 $\overline{R} = 0$ 时，将 RS 触发器预置为 $Q = 0$，$\overline{Q} = 1$ 状态；当 $\overline{R} = 1$ 时，RS 触发器维持原状态不变。

④ 晶体管开关。它由 T 管构成，当基极为低电平，也就是 $Q = 1$、$\overline{Q} = 0$ 时，T 管截止；当基极为高电平，也就是 $Q = 0$，$\overline{Q} = 1$ 时，T_D 管饱和导通。T 管起开关的作用。

⑤ 输出缓冲器。它由非门 G_3 组成，用于增大对负载的驱动能力和隔离负载对 555 集成电路的影响。

3. 555 定时器构成多谐振荡器

555 定时器的主要功能是根据输入端 2 脚、6 脚的电压值与 $\frac{1}{3} U_{CC}$、$\frac{2}{3} U_{CC}$ 的关系，在 3 脚 u_0 输出端输出不同的电平，产生不同的信号。复位端 4 脚接高电平时，555 定时器的基本功能见表 10.6。

表 10.6   555 定时器的基本功能

V_6	V_2	Q/U_0	T
$> \frac{2}{3} U_{CC}$	$> \frac{1}{3} U_{CC}$	0	导通
$< \frac{2}{3} U_{CC}$	$< \frac{1}{3} U_{CC}$	1	截止
$< \frac{2}{3} U_{CC}$	$> \frac{1}{3} U_{CC}$	保持	保持

如图 10.15 所示，R_1、R_2、C 构成了一个充放电电路。在接通电源后，电源 U_{CC} 通过 R_1 和 R_2 对 C 充电。

第一个暂态和自动翻转的工作过程：

接通电源前电容 C 上无电荷，所以接通电源瞬间，由于电容 C 来不及充电，电容电压不能突变，根据换路定则，这时 $u_C = 0$，比较器 C_1 的输出为 1，比较器 C_2 的输出为 0，基本 RS 触发器为 1 状态，$Q = 1$，$\overline{Q} = 0$，经非门 G_3 使振荡器输出 $u_0 = U_{OH}$（$u_0 \approx U_{CC}$）。此时，由于与非门 G_1 输出为 0，开关放电管 T 的基极为 0，T 管截止。电容 C 在充电，当电容电压在 $\frac{1}{3} U_{CC} \sim \frac{2}{3} U_{CC}$ 之间时，输出 Q 保持为 1。

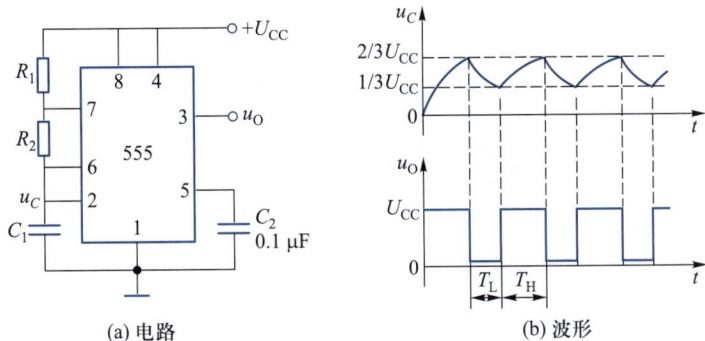

图 10.15　555 集成电路构成多谐振荡器的电路及波形

第二个暂态和自动翻转的工作过程：

随着充电的进行，u_c 逐渐增加，当 u_c 上升到 $2U_{CC}/3$ 时，比较器 C_1 的输出跳变为 0，基本 RS 触发器立即翻转到 0 状态，$Q=0$，$\overline{Q}=1$，$u_o=U_{OL}(u_o\approx0)$，T 管饱和导通。此时电容 C 开始放电，放电回路是 $C\rightarrow R_2\rightarrow T\rightarrow$ 地。电容在放电，当电容电压在 $\dfrac{1}{3}U_{CC}\sim$ $\dfrac{2}{3}U_{CC}$ 之间时，输出 Q 保持为 0。

当电容 C 放电，u_c 下降到 $U_{CC}/3$ 时，比较器 C_2 的输出跳变为 0，基本 RS 触发器立即翻转到 1 状态，$Q=1$，$\overline{Q}=0$，振荡器输出 $u_o=U_{OH}$，T 管截止，又回到第一个暂态和自动翻转的工作过程。

这样，电容 C 不断地充电、放电，使 u_c 在 $U_{CC}/3$ 和 $2U_{CC}/3$ 之间不断变化，电路处于振荡状态，从而在输出端得到连续变化的振荡脉冲波形。

脉冲宽度 T_L 由电容 C 的放电时间来决定，$T_L\approx0.7R_2C$。T_H 由电容 C 的充电时间来决定，$T_H\approx0.7(R_1+R_2)C$。脉冲周期 $T\approx T_H+T_L=0.7(R_1+2R_2)C$，如图 10.17 所示。

实际问题 10.1　根据图 10.15 合理配置参数，设计电路发出中音"do"。

解决问题：（1）查询表 10.5，中音"do"对应的频率为 523 Hz。

（2）根据公式 $T\approx T_H+T_L=0.7(R_1+2R_2)C=1/523$，计算出 R_1、R_2、C 与频率的对应关系。

（3）合理配置 R_1，R_2，C 的参数，取 $C=0.1$ μF，$R_1=1$ kΩ，通过计算，$R_2\approx13$ kΩ。

$$T=T_H+T_L=0.7(R_1+2R_2)C$$

$$f=\frac{1}{T}=\frac{1}{0.7(R_1+2R_2)C}=\frac{1\,000}{0.7(1+2R_2)\times0.1}\text{ Hz}=523\text{ Hz}$$

$$R_2=13.16\text{ kΩ}\approx13\text{ kΩ}$$

同理，想发出低音、中音、高音的"do"～"si"的不同音调，可以用同样的方法算出定值电阻 R_2 的阻值。

4.　简易电子琴电路原理——怎么产生不同的音调

简易电子琴电路原理图如图 10.6 所示。该电路包括按钮开关、定值电阻、振荡器和扬声器。输入端由 8 个按键开关与各自的定值电阻串联组成。频率产生端根据定值电阻的不同输入,由 555 定时器产生不同的信号频率。扬声器端口根据接收信号频率发出特定的声音。系统通过 8 个按键选频,振荡频率的改变通过 RC 电路实现,频率的大小由电路的电阻 $R_1 \sim R_9$ 的阻值决定。

电路图中的 NE555 和 C_1、R_9 以及 $R_1 \sim R_8$ 中的若干电阻构成一个多谐振荡器。

当 S_1 闭合时,R_9、$R_1 \sim R_8$ 以及 NE555 和 C_1 构成一个多谐振荡器。

当 S_2 闭合时,R_9、$R_2 \sim R_8$ 以及 NE555 和 C_1 构成一个多谐振荡器。

当 S_3 闭合时,R_9、$R_3 \sim R_8$ 以及 NE555 和 C_1 构成一个多谐振荡器。

当 S_4 闭合时,R_9、$R_4 \sim R_8$ 以及 NE555 和 C_1 构成一个多谐振荡器。

当 S_5 闭合时,R_9、$R_5 \sim R_8$ 以及 NE555 和 C_1 构成一个多谐振荡器。

当 S_6 闭合时,R_9、$R_6 \sim R_8$ 以及 NE555 和 C_1 构成一个多谐振荡器。

当 S_7 闭合时,R_9、R_7、R_8 以及 NE555 和 C_1 构成一个多谐振荡器。

当 S_8 闭合时,R_9、R_8 以及 NE555 和 C_1 构成一个多谐振荡器。

取 $C_1 = 0.1\ \mu\text{F}$,$R_9 = 1\ \text{k}\Omega$,$C_2 = 0.1\ \mu\text{F}$,根据所给频率按照 555 定时器组成多谐振荡器求解周期的公式

$$T = 1/f = 0.7(R_1 + 2R_2)C_1$$

去求取 $R_1 \sim R_8$ 的阻值。

当 S_8 闭合时,R_9、R_8 以及 NE555 和 C_1 构成一个多谐振荡器。此时

$$f_8 = \frac{1}{0.7(R_9 + 2R_8)C_1} = \frac{1\ 000}{0.7(1 + 2R_8) \times 0.1} = 523\ \text{Hz}$$

$$R_8 = 13.16\ \text{k}\Omega \approx 13\ \text{k}\Omega$$

当 S_7 闭合时,R_9、R_7、R_8 以及 NE555 和 C_1 构成一个多谐振荡器。此时

$$f_7 = \frac{1}{0.7(R_9 + 2(R_7 + R_8))C_1} = \frac{1\ 000}{0.7(1 + 2(13 + R_7)) \times 0.1} = 494\ \text{Hz}$$

$$R_7 = 0.96\ \text{k}\Omega \approx 1\ \text{k}\Omega$$

当 S_6 闭合时,R_9、$R_6 \sim R_8$ 以及 NE555 和 C_1 构成一个多谐振荡器。此时

$$f_6 = \frac{1}{0.7(R_9 + 2(R_6 + R_7 + R_8))C_1} = 440\ \text{Hz}$$

$$R_6 = 1.73\ \text{k}\Omega \approx 2\ \text{k}\Omega$$

依次类推,可求得产生低音"do"~"si"和中音"do"8 个音调所对应频率需要的大概电阻值(存在一些误差)。

$$R_1 = 2\ \text{k}\Omega;R_2 = 2\ \text{k}\Omega;R_3 = 2\ \text{k}\Omega;R_4 = 2\ \text{k}\Omega;$$

$$R_5 = 2\ \text{k}\Omega;R_6 = 2\ \text{k}\Omega;R_7 = 1\ \text{k}\Omega;R_8 = 13\ \text{k}\Omega$$

实际问题 10.2　图 10.6 所示简易电子琴电路原理图中,S_1 按键和 S_8 按键分别按下时发出的音调,哪个更尖锐一些?

解决问题: 电路中电容充电的时候是电源经过 R_9 和定值电阻给电容 C_1 充电的,S_1 按键和 S_8 按键分别按下时,电流经过的路径不同。当 S_1 按键按下时,电流经过的电阻有 $R_1 \sim R_8$ 共 8 个电阻,总的定值电阻的阻值为 $R_1 \sim R_8$ 的阻值之和,26 kΩ。

而当 S_8 按键按下时,电流经过的定值电阻只有 R_1,阻值为 13 kΩ。很显然,S_8 按键

按下时的定值电阻比 S_1 按键按下时的定值电阻阻值小,所以 S_8 按键按下时的频率大、音调更高、更尖锐。

5. 元件特性和换路定则

　　自然界事物的运动,在一定条件下有一定的稳定状态。当条件改变时,就要过渡到新的稳定状态。例如,对于电动机,当接通电源后电动机由静止状态起动、升速,最后达到稳定速度;当切断电源后,电动机将从某一稳定速度逐渐减速,最后停止转动,速度为零。由此可见,从一种稳定状态转到另一种稳定状态往往不能跃变,而是需要一定的时间,这个物理过程就称为过渡过程。对于电路而言,同样也存在稳定状态和过渡过程。所谓稳定状态,就是在给定条件下电路中的电流和电压已达到某一稳态值(对交流电路,是指电流和电压的幅值已达到稳定值)。稳定状态简称稳态。电路中的过渡过程往往为时短暂,所以电路在过渡过程中的工作状态称为暂态,因而过渡过程又称为暂态过程。研究暂态过程的目的:认识和掌握这种客观存在的物理现象的规律,既要充分利用暂态过程的特性,也必须预防它所产生的危害。

　　研究暂态过程的方法有数学分析法和实验分析法两种,欧姆定律和基尔霍夫定律仍然是分析与计算电路暂态过程的基本定律。电路的过渡过程与电路元件的特性有关,本项目所研究的电路其元件电阻、电容和电感都是线性的。由于表征电容或电感上的伏安关系是通过导数或积分来表达的,因此按照基尔霍夫定律建立的电路方程必然是微分方程或微分−积分方程。如果电路中只有一个储能元件(电容或电感),得到的微分方程为一阶微分方程,相应的电路为一阶电路。如果电路中有两个储能元件(含有一个电容和一个电感),得到的微分方程为二阶微分方程,相应的电路为二阶电路。电路的其他部分可以由电源和电阻组成。本项目主要讨论一阶电路的暂态过程。

　　(1) 元件特性

　　电路在一定的条件下有一定的稳定状态。条件变了,稳定状态也要改变。一般来说,含有储能元件的电路从一种稳定状态到另一种稳定状态,需要经过一个电磁过程,这个过程称为暂态过程或过渡过程。把电路的结构或参数发生的变化,例如电路与电源的接通或分断、某支路的短路或切断、电路参数的突然改变、电路外加电压的幅值、频率或初相的跃变,统称为换路。

　　为了研究方便,通常把换路的瞬间作为暂态过程的起始时刻,记为 $t=0$;把换路前的最后一瞬间记为 $t=0_-$,把换路后的初始瞬间记为 $t=0_+$。

　　对线性电阻元件,由于遵循欧姆定律,所以当电流发生突变时,电阻电压也会发生相应的突变,即电阻电流和电压都可以发生突然变化。

　　对线性电容元件,由于电容上的电荷和电压在换路前后不会发生突然变化,所以有

$$q(0_+) = q(0_-)$$
$$u_C(0_+) = u_C(0_-)$$

　　对线性电感元件,由于电感中的磁通链和电流在换路前后瞬间不会发生突变,所以有

$$\psi_L(0_+) = \psi_L(0_-)$$
$$i_L(0_+) = i_L(0_-)$$

（2）换路定则

由于电容电压和电感电流在换路瞬间不能发生突变,称之为换路定则,即

$$\left.\begin{array}{c} u_C(0_+) = u_C(0_-) \\ i_L(0_+) = i_L(0_-) \end{array}\right\}$$

(10.1)

对于换路定则,有两点需要说明:

① 换路时电感电流不能发生突变,并不意味着电感电压也不能突变,因为电感电压不决定于电流,而是决定于电流的变化率。同理在换路时,虽电容电压不能突变,也并不意味着电容电流不能突变。

② 在某些特殊情况下,电容电压和电感电流在换路瞬间也可能发生突变。这是因为,当有冲激波形的理想电流激励或电压激励时,其冲激波形的幅值趋于无穷大。

6. 初始值、稳态值和时间常数 τ 的确定

（1）初始值

初始值是指电路在 $t=0_+$ 时各元件的电压值和电流值,可用 $u(0_+)$ 和 $i(0_+)$ 来表示。从前面的分析可知,在换路时只有电容的电压和电感中的电流通常不能发生跳变,这是由于电容和电感都是储能元件,电容中储有电能为 $\frac{1}{2}Cu_C^2$;而电感中储有磁能为 $\frac{1}{2}Li_L^2$,电能和磁能的积累或衰减需要时间。因此在求各电量的初始值时,首先应根据换路定则 $u_C(0_+) = u_C(0_-)$ 和 $i_L(0_+) = i_L(0_-)$ 确定 $u_C(0_+)$ 和 $i_L(0_+)$ 的值,然后根据它们再来确定其他各电量的初始值,下面先分析电容的两种初始状态值。其一,若电容无初始储能,即 $u_C(0_-) = 0$,则 $u_C(0_+) = u_C(0_-) = 0$,在发生换路 $t=0_+$ 时,可将电容视为短路,其等效电路如图 10.16（a）所示。其二,若电容有初始储能,即 $u_C(0_-) = U_0$ 则 $u_C(0_+) = u_C(0_-) = U_0$,在发生换路时,可将电容等效为恒压源 U_0,且恒压源的正方向与电容两端电压的正方向相同,其等效电路图如图 10.16（b）所示。

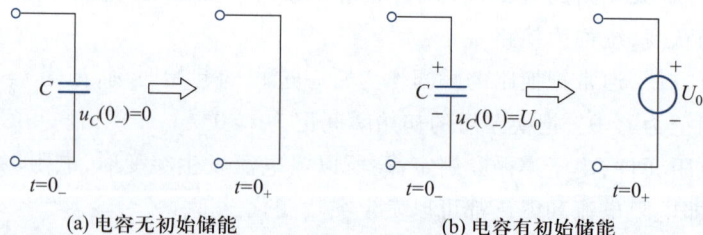

(a) 电容无初始储能　　　　　　(b) 电容有初始储能

图 10.16　电容元件初始时刻等效电路

下面再来分析电感的两种初始状态值。其一,若电感无初始储能,即 $i_L(0_-) = 0$,则 $i_L(0_+) = i_L(0_-) = 0$,在发生换路 $t=0_+$ 时,可将电感视为开路,其等效电路如图 10.17（a）所示。其二,若电感有初始储能,即 $i_L(0_-) = I_0$,则 $i_L(0_+) = i_L(0_-) = I_0$,在发生换路 $t=0_+$

时，可将电感等效为恒流源，其大小等于 $i_L(0_+)$ 的值，且正方向与 $i_L(0_-)$ 的正方向一致，其等效电路如图 10.17(b)所示。

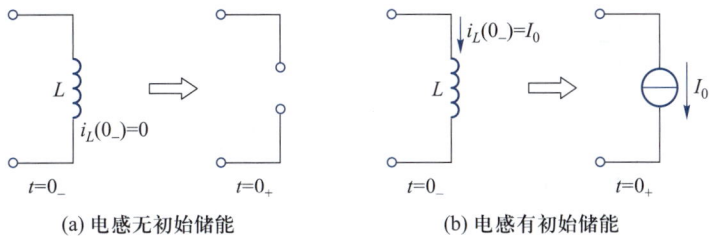

(a) 电感无初始储能　　　　　(b) 电感有初始储能

图 10.17　电感元件初始时刻等效电路

根据 $t=0_+$ 时的等效电路，选择适当的电路分析方法，就可以求出电路中其他电压和电流的初始值。

例 10.1　在图 10.18 所示电路中，开关 S 在 $t=0$ 时闭合，求 $i_1(0_+)$、$i_2(0_+)$、$i_3(0_+)$ 及 $u_L(0_+)$。已知 $u_C(0_-)=100\ \text{V}$，$i_3(0_-)=0\ \text{A}$。

解： 首先确定电感中电流 $i_3(0_+)$ 及电容两端电压 $u_C(0_+)$，根据换路定则有

$$i_3(0_+)=i_3(0_-)=0\ \text{A}$$

$$u_C(0_+)=u_C(0_-)=100\ \text{V}$$

$t=0_+$ 时的等效电路如图 10.19 所示，显然

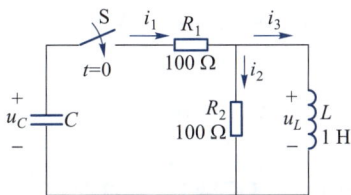

图 10.18　例 10.1 图　　　　　图 10.19　例 10.1 解图

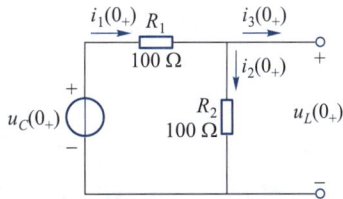

$$i_1(0_+)=i_2(0_+)=\frac{u_C(0_+)}{R_1+R_2}=\frac{100}{100+100}\ \text{A}=0.5\ \text{A}$$

$$u_L(0_+)=i_2(0_+)R_2=0.5\times100\ \text{V}=50\ \text{V}$$

可见，当发生换路时电容中的电流 i_C 由 0 A 跃变为 0.5 A，电感两端的电压 u_L 由 0 V 跃变为 50 V。

例 10.2　在图 10.20 所示电路中，开关 S 原来处于闭合状态，并且电路已处于稳定状态，$t=0$ 时断开开关 S，求刚断开时电路各支路的电流、电容电压及电感电压。

解： 根据换路定则，$u_C(0_+)$ 与 $i_L(0_+)$ 的值要由 $u_C(0_-)$ 与 $i_L(0_-)$ 的值来决定，而 $u_C(0_-)$ 与 $i_L(0_-)$ 的值就是原来开关 S 闭合时 $u_L(\infty)$ 与 $i_C(\infty)$ 的值。原电路开关 S 处于闭合状态，时间已经过足够长就可认为 $t=\infty$，电路已达到稳态，这时电感相当于短路，电容相当于开路。当 $t=0_-$ 时的等效电路如图 10.21(a)所示，则有

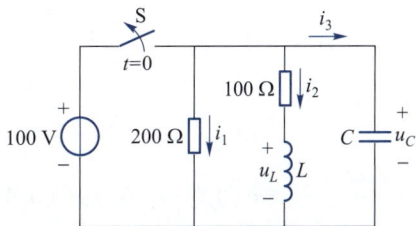

图 10.20　例 10.2 图

$$i_2(0_-) = \frac{100}{100} = 1 \text{ A}, \quad u_C(0_-) = 100 \text{ V}$$

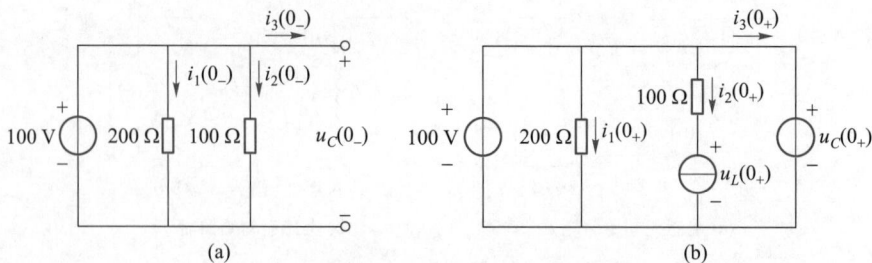

图 10.21   例 10.2 解图

根据换路定则有

$$i_2(0_+) = i_2(0_-) = 1 \text{ A}$$

$$u_C(0_+) = u_C(0_-) = 100 \text{ V}$$

$t = 0_+$ 时的等效电路如图 10.21(b) 所示，则

$$i_1(0_+) = \frac{u_C(0_+)}{200} = \frac{100}{200} \text{ A} = 0.5 \text{ A}$$

根据 KCL 有

$$i_3(0_+) = -i_1(0_+) - i_2(0_+) = (-0.5 - 1) \text{ A} = -1.5 \text{ A}$$

根据 KVL 有

$$u_L(0_+) = u_C(0_+) - 100i_2(0_+) = (100 - 100 \times 1) \text{ V} = 0 \text{ V}$$

（2）稳态值

在电路换路后，当 $t = \infty$ 时，电路中各元件的电流或电压值称为稳态值或终值，用 $u(\infty)$ 和 $i(\infty)$ 表示。

在恒定电源情况下，电感电压 u_L 和电容电流 i_C 最终都变为零，这是因为电路此时 $\dfrac{\mathrm{d}i}{\mathrm{d}t} = 0$ 和 $\dfrac{\mathrm{d}u}{\mathrm{d}t} = 0$，所以 $u_L(\infty) = L\dfrac{\mathrm{d}i}{\mathrm{d}t} = 0$，$i_C(\infty) = C\dfrac{\mathrm{d}u}{\mathrm{d}t} = 0$，说明在 $t = \infty$ 时，电感相当于短路，电容相当于开路。

例 10.3   图 10.22 所示电路中 $i_1(0_-) = 2 \text{ A}$，$u_4(0_-) = 4 \text{ V}$。求图中所示各变量的初始值和稳态值。

解：根据换路定则，有

$$i_1(0_+) = i_1(0_-) = 2 \text{ A}$$

$$u_4(0_+) = u_4(0_-) = 4 \text{ V}$$

$$u_1(0_+) = 10 - u_4(0_+) = 6 \text{ V}$$

$$i_2(0_+) = \frac{u_1(0_+)}{2} = 3 \text{ A}$$

$$i_3(0_+) = \frac{u_4(0_+)}{1} = 4 \text{ A}$$

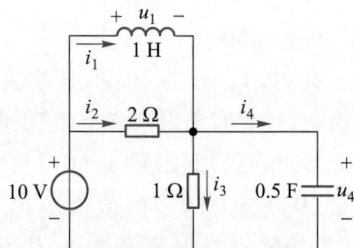

图 10.22   例 10.3 图

$$i_4(0_+) = i_1(0_+) + i_2(0_+) - i_3(0_+) = (2 + 3 - 4) \text{ A} = 1 \text{ A}$$

稳定状态时，电感相当于短路，电容相当于开路。

$$u_1(\infty) = 0 \text{ V}, \quad u_4(\infty) = 10 \text{ V}$$

$$i_1(\infty) = i_3(\infty) = \frac{10}{1} \text{ A} = 10 \text{ A}, i_2(\infty) = 0 \text{ A}, i_4(\infty) = 0 \text{ A}$$

（3）时间常数 τ

电路的时间常数 τ 只与电路的结构、参数和元件类型有关，而与外加激励无关。同一电路只有一个时间常数。

求时间常数 τ 时需注意：

① 此方法适用于换路后的一阶电路。

② 要将电路化为无源电路，需要将电路中的独立电压源和独立电流源置零，即将独立电压源短路，将独立电流源开路。

③ 对于 RC 电路来说，$\tau = RC$；对于 RL 电路来说，$\tau = \dfrac{L}{R}$；其中的电阻 R 是将电路中的独立电压源和独立电流源置零后，从储能元件（电容 C 或电感 L）两端看进去，求出的端口的输入电阻。

例 10.4　电路如图 10.23 所示，$t=0$ 时开关闭合，求电路的时间常数 τ。

解：将电压源短接后的等效电路如图 10.24 所示，等效电阻为

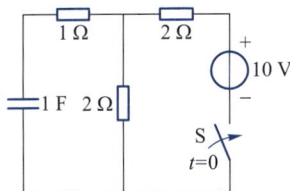

图 10.23　例 10.4 图　　　　图 10.24　例 10.4 解图

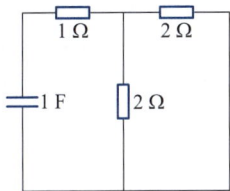

$$R = \left(1 + \frac{2 \times 2}{2+2}\right) \Omega = 2 \Omega$$

故时间常数为

$$\tau = RC = 2 \times 1 \text{ s} = 2 \text{ s}$$

7. 一阶电路暂态过程的三要素分析法

如果采用微分方程等经典方法来求解一阶电路的暂态过程，需强调过多的数学概念和烦琐的计算过程。对于一阶电路的分析，应用最普遍的是三要素法，这种方法实际上是对经典法的一种概括。三要素法公式可表示为

$$f(t) = f(\infty) + [f(0_+) - f(\infty)] e^{-\frac{t}{\tau}} \tag{10.2}$$

式中，$f(t)$ 代表要求解的电压和电流变量，其中三要素分别为：初始值 $f(0_+)$、稳态值 $f(\infty)$、时间常数 τ。

使用三要素法时，不必去了解电路是否零输入、零状态等，而是要注意它的使用条件和使用方法。

（1）使用条件

① 三要素法只适用于一阶电路。

② 如有外部激励，必须为直流、阶跃或正弦交流信号。

（2）使用方法

① 确定初始值 $f(0_+)$。

② 确定稳态值 $f(\infty)$。

③ 确定电路的时间常数 τ。

④ 代入三要素法公式进行求解。

例 10.5 某一阶电路的响应 $u(t) = (-5+10\mathrm{e}^{-2t})$ V，$t \geq 0$，求其三要素。

解：
$$u(0_+) = (-5+10\times1) \text{ V} = 5 \text{ V}$$
$$u(\infty) = -5 \text{ V}$$
$$\tau = \frac{1}{2} \text{ s} = 0.5 \text{ s}$$

例 10.6 图 10.25 电路在换路前已达稳态。当 $t=0$ 时开关接通，求 $t \geq 0$ 时的 $i(t)$。

解： $u_C(0_+) = u_C(0_-) = 42\times3 \text{ V} = 126 \text{ V}$

$$i(0_+) = \left(42+\frac{126}{6}\right) \text{ mA} = 63 \text{ mA}$$
$$i(\infty) = 42 \text{ mA}$$
$$\tau = RC = 6\times10^3\times100\times10^{-6} = 0.6 \text{ s}$$

可得 $i(t) = (42+21\mathrm{e}^{-1.67t})$ mA　　$t \geq 0$

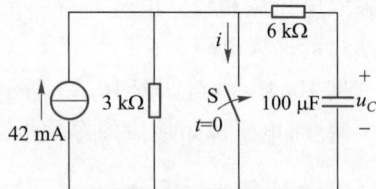

图 10.25　例 10.6 图

例 10.7 图 10.26 所示电路原已达稳态。当 $t=0$ 时开关接通，求 $t \geq 0$ 时的 $u_C(t)$ 并绘出波形。

解：
$$u_C(0_+) = u_C(0_-) = \frac{100}{5+3+2}\times(3+2) \text{ V} = 50 \text{ V}$$
$$u_C(\infty) = \frac{100}{5+3+1}\times3 \text{ V} = \frac{100}{3} \text{ V}$$
$$\tau = RC = ((5+2/\!/2)/\!/3)C = 2\times10^3\times5\times10^{-6} \text{ s} = 0.01 \text{ s}$$

得
$$u_C(t) = \left(\frac{100}{3}+\frac{50}{3}\mathrm{e}^{-100t}\right) \text{ V}　　t \geq 0$$

$u_C(t)$ 的波形如图 10.27 所示。

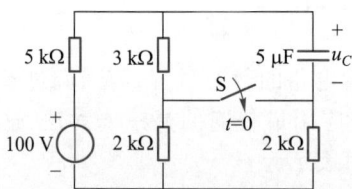

图 10.26　例 10.7 图

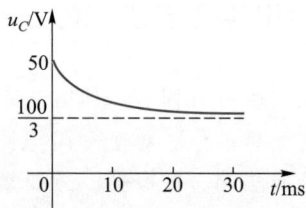

图 10.27　例 10.7 解图

例 10.8 图 10.28 所示电路在 $t<0$ 时已达稳态。$t=0$ 时开关断开，求 $t \geq 0$ 时的 $u(t)$ 并绘出波形。

解：
$$u(0_+) = 0 \text{ V}$$
$$u(\infty) = \frac{10}{2}\times10^{-3}\times0.5\times10^3 \text{ V} = 2.5 \text{ V}$$
$$\tau = \frac{10\times10^{-3}}{(0.5+0.5)\times10^3} \text{ s} = 1\times10^{-5} \text{ s}$$

得 $$u(t) = (2.5 - 2.5\mathrm{e}^{-10^5 t})\ \mathrm{V} \quad t \geqslant 0$$

$u(t)$ 的波形如图 10.29 所示。

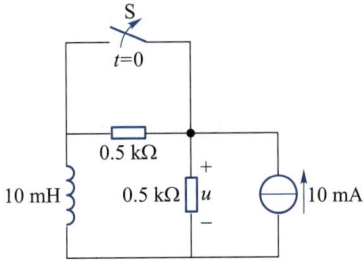

图 10.28　例 10.8 图　　　　图 10.29　例 10.8 解图

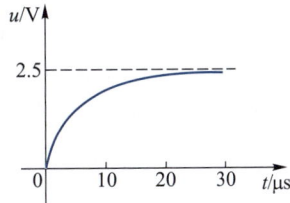

8. *RC* 微分电路和积分电路

在电子技术中,常需把矩形脉冲信号变换为尖脉冲,用于电路的上电复位或上电清零(例如单片机的上电复位);或者需将矩形波变换为三角波或锯齿波,用于波形的转换,实现某个控制功能。常用 *RC* 串联电路和矩形脉冲输入,通过电容 *C* 的充放电作用,即暂态过程,实现上述两个作用。

(1) *RC* 微分电路

图 10.30 所示为一无源双口网络,在输入端(1、2 端)加输入信号电压 u_i,从电阻两端(3、4 端)输出信号电压 u_o。

当输出端开路时,有

$$u_o = Ri = RC\frac{\mathrm{d}u_C}{\mathrm{d}t}$$

可见输出电压 u_o 与电容电压 u_C 对时间的导数成正比。若使 $u_C \gg u_o$,则

$$u_i = u_C + u_o \approx u_C$$

即
$$u_o = Ri = RC\frac{\mathrm{d}u_C}{\mathrm{d}t} \approx RC\frac{\mathrm{d}u_i}{\mathrm{d}t} \tag{10.3}$$

可见,为了使电路具有"微分"功能,必须满足 $u_C \gg Ri$ 的条件,这就要求电阻 R 要小,电容 C 也要小,也就是要求时间常数 $\tau = RC$ 要很小。一般取 $\tau < 0.2T_W$,其中 T_W 为输入脉冲的宽度,这时电路的充放电过程将进行得很快。

下面分析 *RC* 微分电路在输入矩形脉冲信号电压时的响应。输入信号电压波形如图 10.31 所示。设电路中的时间常数 $\tau = RC \ll T_W$。

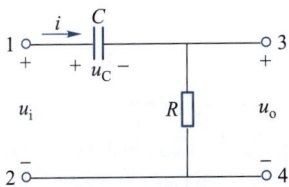

图 10.30　*RC* 微分电路　　图 10.31　*RC* 微分电路输入信号电压波形　　图 10.32　*RC* 微分电路输出负尖脉冲

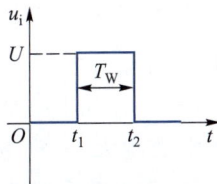

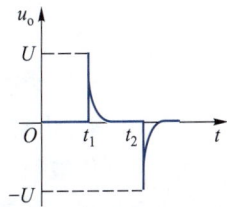

电路响应可分段分析：

当 $0<t<t_1$ 时，$u_i=0$，信号源短路，电容 C 无电荷积累或释放，电路中 $i=0$，$u_o=0$。

在 $t=t_1$ 瞬间，因 $u(t_{1-})=0$，且不能跃变，因此 $u_o=u_i$，而后 C 两端电压增长，充电电流衰减，由于 C 的充电过程进行很快，在 $t_1<t<t_2$ 范围内，u_C 已充到稳态值，$u_C=U$，而 u_o 也衰减到零（$u_o=u_i-u_C$）。这样，在输出端 R 上产生一个正尖脉冲。

在 $t=t_2$ 瞬间，u_i 为零，此时 RC 电路自成回路放电，由于 u_C 不能跃变，所以 $u_o=-u_C=-U$。电容 C 放电过程很快，因而在 R 上输出得到一个负尖脉冲，如图 10.32 所示。

因为电容 C 的充放电速度很快，u_o 存在时间很短，所以 $u_i=u_C+u_o \approx u_C$，而 $u_o=Ri=RC\dfrac{du_C}{dt} \approx RC\dfrac{du_i}{dt}$，这说明输出电压 u_o 近似地与输入电压 u_i 的微分成正比，因此称这种电路为微分电路。电路输出的双向指数脉冲是由于输入矩形脉冲"前沿"正跳变和"后沿"负跳变分别产生的。所以微分电路的作用是突出输入信号的边沿，常用来把矩形脉冲变换为尖脉冲。

（2）RC 积分电路

如果把 RC 电路连成图 10.33 所示，而电路的时间常数 $\tau \gg T_W$，则此 RC 电路在脉冲信号作用下为积分电路。

由于 $\tau \gg T_W$，因此在整个脉冲持续时间内（脉宽 T_W 时间内），电容两端电压 $u_C=u_o$ 缓慢增长。当 u_C 还未增长到稳定状态时，脉冲已经消失，而后电容缓慢放电，输出电压 $u_o=u_C$ 缓慢衰减。u_C 的增长和衰减虽然仍按指数函数变化，由于 $\tau \gg T_W$，其变化曲线尚处于指数曲线的初始段，近似为直线段，因此输入和输出波形如图 10.34 所示。

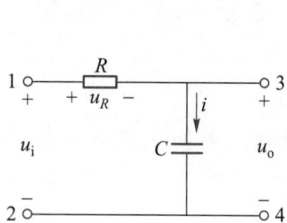

图 10.33 RC 积分电路

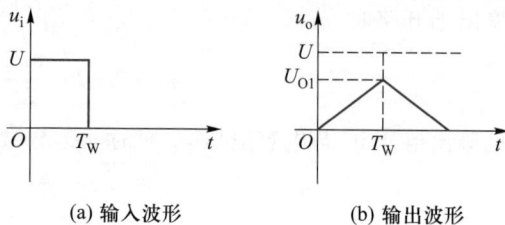

(a) 输入波形   (b) 输出波形

图 10.34 RC 积分电路波形

由于电容充放电过程非常缓慢，所以有

$$u_o=u_C \ll u_R$$

而

$$u_i=u_R+u_o \approx u_R=Ri$$

$$i \approx \frac{u_i}{R}$$

故

$$u_o=u_C=\frac{1}{C}\int i\,dt=\frac{1}{RC}\int u_i\,dt \tag{10.4}$$

上式表明，输出电压 u_o 近似地与输入电压 u_i 的积分成正比，因此称这种电路为 RC 积分电路。对 RC 积分电路，在输入端加上一个矩形信号电压后在输出端会得到一个锯齿波信号电压。电路的时间常数越大，充放电的过程就越缓慢，锯齿波的线性度就越好。显然，矩形脉冲经"积分"后跳变现象消失了，幅度被压低。因此，和微分电路相反，积分电路的作用可以说是把输入信号突然变化转换成缓慢变化，常用来将矩形波变换为三角波或锯齿波。

项目小结

微课
项目小结

简易电子琴电路适合电路电子初学者理解音调与频率的关系,学习555多谐振荡器和一阶暂态过程。本项目介绍了声音的三个要素,通过不同阻值的电阻和电容可以得到不同频率的信号从而改变声音的音调,制作更多功能的电子琴。项目中初步介绍了电路的一阶暂态过程以及三要素分析法,应用暂态过程实现波形的设计和转换等功能。电路的暂态过程虽然短暂,但在不少实际工作中非常重要。

习题

一、填空题

1. 一阶电路的三要素指_____、_____、_____。

2. 三要素法仅适用于_____动态电路。

3. 线性动态电路的全响应是_____响应和_____响应之和,也可以说是_____分量与_____分量的叠加。

4. 外加激励为零(没有电源对电路施加能量),仅由动态元件初始储能作用而在电流中产生的电流、电压称为电路的_____响应。

5. 换路前电容和电感元件没有储能,则在换路后的瞬间 $u_C(0_+) = 0$、$i_L(0_+) = 0$,称电路的这种情况为_____状态。

6. 当电路发生换路时,电容元件的_____可以突变,电感元件_____可以突变。

7. 当电路发生换路时,电容元件的_____不可突变,电感元件的_____不可突变。

8. 时间常数 τ 标志着电路过渡过程的长短,换路后大约经过_____τ,就可以认为过渡过程结束。

二、选择题

1. 不属于动态电路的是(   )。

A. 纯电阻电路   B. 含有储能元件的电路   C. RL 电路   D. RC 电路

2. 动态电路工作的全过程是(   )。

A. 换路—前稳态—过渡过程—后稳态   B. 前稳态—换路—过渡过程—后稳态

C. 换路—前稳态—后稳态—过渡过程   D. 前稳态—过渡过程—换路—后稳态

3. 初始值是电路换路后最初瞬间的数值,用(   )表示。

A. $f(0)$ B. $f(0_+)$ C. $f(0_-)$ D. $f(0_0)$

4. 在换路后的瞬间,已充电的电容相当于(   )。

A. 开路   B. 短路   C. 理想电压源   D. 理想电流源

5. 在换路后的瞬间,已通电的电感相当于(   )。

A. 开路   B. 短路   C. 理想电压源   D. 理想电流源

6. 在换路后的瞬间,原未充电的电容相当于(　　)。

A. 开路　　　　　B. 短路　　　　　C. 理想电压源　　　D. 理想电流源

7. 在换路后的瞬间,原未通电的电感相当于(　　)。

A. 开路　　　　　B. 短路　　　　　C. 理想电压源　　　D. 理想电流源

三、计算题

1. 图 10.35 所示电路中 $u_C(0_-) = 0$ V,$t = 0$ 时开关接通,求初始值 $i_C(0_+)$。

2. 求图 10.36 所示电路中开关 S 闭合后电感电流的初始值 $i_L(0_+)$ 和其他几个暂态初始值 $u_L(0_+)$、$i(0_+)$、$i_S(0_+)$。

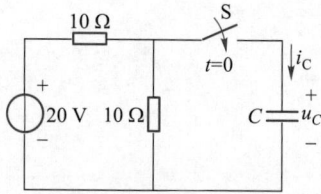

图 10.35

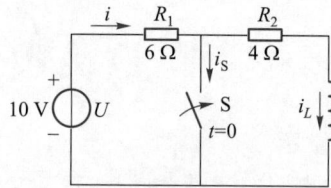

图 10.36

3. 图 10.37 所示电路原已处于稳态,在 $t = 0$ 时断开开关,求初始值 $i(0_+)$。

4. 图 10.38 所示电路原已处于稳态,在 $t = 0$ 时断开开关,求初始值 $i(0_+)$。

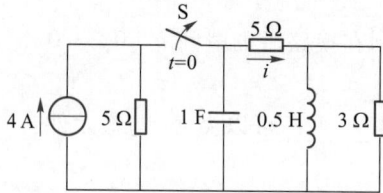

图 10.37

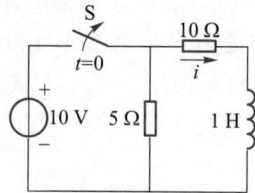

图 10.38

5. 图 10.39 所示电路原已达稳态,在 $t = 0$ 时断开开关,求 $t = 0_+$ 时的 i 和 u。

6. 图 10.40 所示电路在 $t = 0_-$ 时已达稳态,$t = 0$ 时闭合开关,求 $i_L(0_+)$ 和 $u_L(0_+)$。

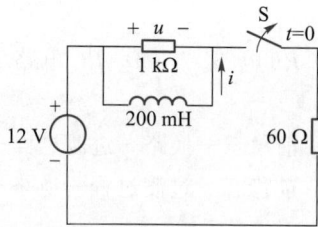

图 10.39

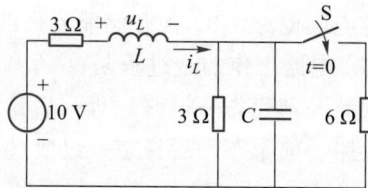

图 10.40

7. 电路如图 10.41 所示,求电路的时间常数 τ。

8. 电路如图 10.42 所示,$t = 0$ 时断开开关,则 $t \geq 0$ 时,求电感电压 $u(t)$。

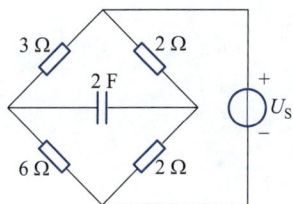

图 10.41

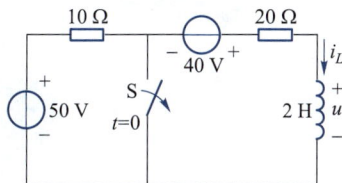

图 10.42

9. 图 10.43 所示电路在 $t<0$ 时已达稳态。$t=0$ 时开关闭合,求 $t \geq 0$ 时的 $i_L(t)$。

10. 图 10.44 所示电路在 $t=0_-$ 时已达稳态。$t=0$ 时开关闭合,求 $t \geq 0$ 时的 $u_C(t)$ 和 $i_1(t)$。

11. 图 10.45 所示电路在 $t<0$ 时已处于稳态。当 $t=0$ 时开关由 a 接至 b,求 $t \geq 0$ 时的 $u_C(t)$。

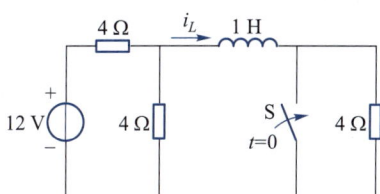

图 10.43

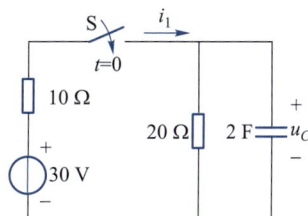

图 10.44

12. 图 10.46 所示电路在 $t=0_-$ 时已达稳态,当 $t=0$ 时闭合开关,求 $t \geq 0$ 时的 $i_L(t)$ 和 $i_l(t)$。

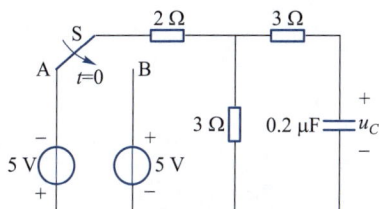

图 10.45

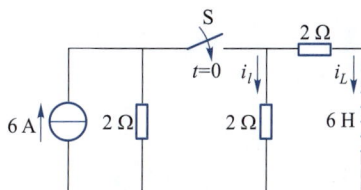

图 10.46

13. 电路如图 10.47 所示,当 $t=0$ 时闭合开关,闭合前电路已处于稳态。求 $t \geq 0$ 时的 $i(t)$。

14. 图 10.48 所示电路已处于稳态,当 $t=0$ 时闭合开关,求 $t \geq 0$ 时的 $i(t)$ 和 $u(t)$。

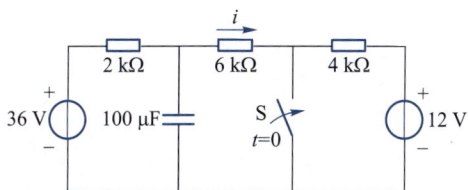

图 10.47

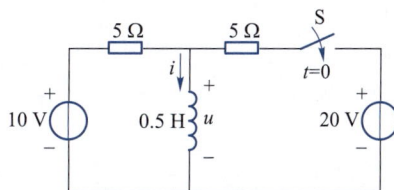

图 10.48

［1］ 朱桂萍,于歆杰,陆文娟.电路原理［M］.北京:高等教育出版社,2018.

［2］ 邱关源.电路［M］.5 版.北京:高等教育出版社,2006.

［3］ Nilsson J W,Riedel S A.电路［M］.周玉坤,冼立勤,李莉,等译.10 版.北京:电子工业出版社,
2015.

［4］ Alexander C K,Sadiku M N O.电路基础(英文精编版)［M］.7 版.北京:机械工业出版社,2022.

［5］ 江路明.电路分析与应用［M］.北京:高等教育出版社,2015.

读者意见反馈

为收集对教材的意见建议，进一步完善教材编写并做好服务工作，读者可将对本教材的意见建议通过如下渠道反馈至我社。

咨询电话　400-810-0598

反馈邮箱　gjdzfwb@pub.hep.cn

通信地址　北京市朝阳区惠新东街4号富盛大厦1座
　　　　　　高等教育出版社总编辑办公室

邮政编码　100029